国家自然科学基金资助项目（31301978）

湖南省教育厅科学研究青年项目（13B056）

湖南省科技厅自然科学基金（12JJ6019）

湖南省娄底市科技计划项目

湖南人文科技学院"英才支持计划"项目

湖南人文科技学院"高层次人才科研启动基金"项目

# 猪胚胎
# 体外生产技术

胡军和◎著

西南交通大学出版社

·成 都·

**图书在版编目（ＣＩＰ）数据**

猪胚胎体外生产技术／胡军和著. —成都：西南
交通大学出版社，2015.5
ISBN 978-7-5643-3901-2

Ⅰ. ①猪… Ⅱ. ①胡… Ⅲ. ①猪－家畜育种－研究
Ⅳ. ①S828.2

中国版本图书馆 CIP 数据核字（2015）第 107963 号

| 猪胚胎体外生产技术 | 胡军和　著 | 责任编辑　牛　君 |
| --- | --- | --- |
| | | 封面设计　墨创文化 |

| 印张　9.25　　字数　206千 | 出版 发行　西南交通大学出版社 |
| --- | --- |
| 成品尺寸　170 mm×230 mm | 网址　http://www.xnjdcbs.com |
| 版本　2015年5月第1版 | 地址　四川省成都市金牛区交大路146号 |
| 印次　2015年5月第1次 | 邮政编码　610031 |
| 印刷　成都蓉军广告印务有限责任公司 | 发行部电话　028-87600564　028-87600533 |
| 书号：ISBN 978-7-5643-3901-2 | 定价：38.00元 |

# 前　言

动物胚胎体外生产技术，是指利用胚胎生物工程技术进行胚胎体外生产，以加速繁育经济动物，培育优良品种或挽救濒危动物而使用的一系列工程技术。一般来说包括试管动物（体外受精）、无透明带核移植技术、体细胞核移植（克隆）技术和胚胎移植等。

动物体细胞核移植方法就是将一个动物细胞的体细胞核移植至去核的卵母细胞中，产生与供细胞核动物的遗传成分相同的动物的技术。该方法已经在绵羊、牛、山羊、小鼠和猪等物种上获得了成功。目前，在此方法的基础上已经发展出新的转基因动物品种选育技术，可以加快动物品种的选育进程，培养优质的动物品种。同时，在传统的体细胞核移植技术的基础上发展而来的无透明带核移植技术或手工核移植技术可以大大简化核移植操作的过程与环节，提高工作效率，为后续的推广应用奠定了基础。

尽管现在动物胚胎体外生产技术的研究与发展取得了较大的成绩，但是猪胚胎体外生产技术效率不高（如体细胞核移植技术效率 1%～5%），而且在实际生产中应用并不多，还存在很多需要解决的科学问题，如猪卵母细胞以及精子的冷冻保存效率不高等。

本书首先就动物胚胎体外生产技术的研究进展予以综述，然后就胚胎体外生产的一些技术环节及类型结合自己的研究进行总结，最后就未来发展的方向予以展望，力求使读者全面了解和掌握猪胚胎体外生产技术的研究历程、研究进展和未来的发展方向。

由于作者水平有限，书中疏漏不足之处在所难免，敬请读者及同行批评指正。

作　者
2015 年 1 月

# 目　　录

# 1 猪胚胎体外生产技术研究进展

## 1.1 猪 IVF 胚胎体外生产技术研究综述

哺乳动物体外受精（IVF）研究有利于研究动物配子的成熟机制、胚胎的分化和发育，揭示受精的本质和机理，促进发育生物学、生殖生物学，特别是受精生物学的研究。体外受精技术是继人工授精、胚胎移植技术之后，家畜繁殖领域的第三次革命，是开展生殖生物学相关领域研究的重要平台之一。应用于人类自身，IVF-ET 技术是治疗某些不孕症和克服性连锁病的重要措施之一（Franken, Oehninger et al., 1989）。通过卵母细胞的体外成熟和体外受精技术进行的动物胚胎生产（IVP）是辅助生殖技术中的重要内容。体外受精技术可利用屠宰场的卵巢生产大量价廉、质优的胚胎，解决胚胎来源问题。体外受精技术和胚胎冷冻技术相结合可以人工生产大量的胚胎，用于胚胎移植，不仅可进一步发挥优良母畜的生殖潜能，还可以提高优良公畜精子的利用效果，是实现动物生产工厂化的有效途径。

到目前为止，猪胚胎体外生产的效率仍很低，进一步优化猪卵母细胞体外成熟、体外受精和体外胚胎发育的环境，探索猪卵母细胞体外成熟、体外受精和体外胚胎发育的最佳条件十分必要而且也十分重要。

### 1.1.1 研究概述

哺乳动物体外受精的研究已有 120 多年的历史。早在 1878 年，德国科学家 Schenk 就开始进行哺乳动物卵子体外受精尝试，他将排卵前的卵母细胞和附睾内精子放入子宫液内进行孵育，观察到第二极体释放和卵裂现象。1890年，Heape 用人工授精和体外受精技术研究兔的胚胎移植，他用生理盐水把兔的早期胚胎从输卵管冲出，转移到另一母兔体内，胚胎可成功发育至降生。但是，此后几十年里人们对哺乳动物体外受精技术一直存在怀疑。直到 20

世纪 40 年代，世界上也只有为数不多的科学家能成功地进行体外受精实验，这期间，Rock 和 Menki 进行了人卵体外受精实验。美籍华人张明觉（Chang M.C.）在 1945 年曾成功地进行了兔体外受精，但在此后的 5 年里没能重复出这一结果。Chang 和澳大利亚的 Austin 几乎同时发现只有在雌性生殖道停留一定时间的精子才能成功与卵子结合，进行体外受精，Austin 将这种现象命名为 capacitation（获能）。精子获能现象的发现是体外受精史上的一个里程碑。至此，体外受精研究蓬勃开展起来。Chang 利用获能处理的精子进行体外受精实验，于 1959 年获得世界上首例"试管动物"——试管兔，为哺乳动物体外受精工程的发展奠定了基础。同一时期，法国 Hibault 研究组提供了充足的兔卵子体外受精形态学证据，哺乳动物体外受精技术才真正得到承认。到目前为止，体外受精已在金黄仓鼠（1963）、小鼠（1968）、猫（1970）、豚鼠（1972）、中国仓鼠（1969）、岩石猴（1973）、大鼠（1974）、狗（1976）、恒河猴（1978）、狒狒（1979）、黑猩猩（1983）、大熊猫（1990）、山羊（1959）、猪（1973）、绵羊（1961）、牛（1958）等动物上获得成功（秦鹏春，2001）。1986 年，Parrish 等首次用上浮法（swim-up）分离有活力的精子，推动了体外受精的进一步发展。在国内试管动物的研究也已取得长足的进步，其中范必勤等分别获得了试管兔和试管猪，旭日干等分别获得了试管绵羊和试管牛。这些试管动物的出现，标志着我国试管动物生产技术已达到一个新的水平。

## 1.1.2 影响猪 IVF 的因素

### 1.1.2.1 精子密度和受精时间

精子密度决定体外受精的精子穿卵率，精子密度过大，会导致多精受精的比例上升。因此，选择合适的精卵比例是非常重要的。猪 WF 时精子密度与穿卵率正相关，即精子密度越大，穿卵率越高。但一般情况下，随着穿卵率的增加，多精入卵率也随之增加。因此，在提高穿卵率与降低多精入卵率之间存在矛盾。Gil 等（Gil, Ruiz et al., 2004）对未去卵丘的卵母细胞进行体外受精时发现，当精卵比例达到 8 000 时，虽然精子穿卵率达到最高，但单精受精率却显著下降；当精卵比例为 6 000 时，卵母细胞的有效受精效率（单精受精数/检查卵母细胞数）最高。

在精卵共孵育时间上，早期的研究中，猪体外受精时间常采用 12 ~ 18 h，但目前普遍采用 5 ~ 6 h。有报道称，延长受精时间对胚胎的发育有很大的破坏作用，它会显著降低胚胎卵裂率和其后的发育率（Grupen and Nottle, 2000）。Morton 等（Morton, Catt et al., 2005）研究表明，缩短受精时间（2~3 h 对 18~20 h）无论对成年母猪还是初情期母猪，其卵泡卵母细胞经体外受精后，胚胎发育能力均没有受到显著影响。

Almiñana 等（Almiñana, Gil et al., 2005）发现，精卵孵育的最佳时间还与精液本身有密切的关系，不同公猪的精液在体外受精时所需的精卵孵育时间差别很大。Gil 等（Gil, Ruiz et al., 2004）比较了精卵孵育 10 min~6 h 中 4 个时间点对胚胎发育的影响，结果各时间点的卵裂率（40%~50%）和囊胚发育率（17%~25%）均无显著差异。该结果表明，短时间精卵孵育也能够使卵母细胞受精；共同孵育 10 min，虽没能进一步提高胚胎的发育能力，但多精入卵呈上升趋势。Grupen 将精卵共同作用 10 min 后再移入无精子新鲜受精液中受精 5 h，与对照组（精卵作用 5 h）相比能显著提高穿卵率（80%、57%）和囊胚形成率（30%、80%），但多精入卵率也有所增加。Gil 等认为穿卵率及囊胚形成率结果与 Grupen 不一致的原因可能是两人采用的受精液不同。一般认为随着精卵作用时间延长，穿卵率及多精入卵也随之增加，但 Grupen 和 Gil 的实验结果表明，短时间精卵作用却增加了多精入卵。已有的研究表明，死精子产生的 ROS（reactive oxygen species）能够降低精子活力，抑制精子穿卵，故造成此现象的原因可能是短时间精卵作用后再移入新鲜受精液，降低了受精液中的 ROS 浓度，使得精子活力增加。目前比较认可的精子密度为 $10^5$~$10^6$ 个·$mL^{-1}$。Rath 等早年提出的影响多精入卵的主要因素是精卵比例而不是精子密度，但是关于精卵比例及受精体积如何影响 IVF 尚不清楚（Rath, Long et al., 1999）。

## 1.1.2.2. 体外受精液

在体外条件下，猪的精子需要进行体外获能才能受精。猪体外受精实验中常用的获能液有：TCM199 液、BO 液、KRB 液、Tyrode 氏液、TALP 液和 mTBM 液等。在这些获能液中通常还加入 BSA、丙酮酸钠、葡萄糖等作为能量物质，也有添加 IA（$Ca^{2+}$A23187）、咖啡因和肝素等物质来诱导和辅助猪精子获能。比较常用的获能方法是使用 Tyrode 氏液、mTBM 液或 BO 液等，并配合添加肝素、咖啡因或 IA。Coy 等（Coy, Gadea et al., 2002）对 TCM199、TALP 和 mTBM 3 种体外受精液进行了比较，结果它们的囊胚发育率和细胞数无明显差异；但 TCM199 和 TALP 组的精子穿卵率和卵裂率要高于 mTBM 组，TCM199 和 mTBM 组的单精受精率高于 TALP 组。虽然受精液的受精结果因研究者的不同而存在出入，但总体来说，使用 mTBM 能获得较好的受精效果。

肝素是一种高度硫酸化的氨基多糖类化合物，它与精子结合能引起 $Ca^{2+}$ 进入，使精子获能，被认为是目前最接近体内生理获能的方法。IA 为钙离子载体，能直接进入精子细胞内，提高细胞内的 $Ca^{2+}$ 浓度，从而导致精子获能。咖啡因是细胞内磷酸二酯酶抑制剂，通过抑制磷酸二酯酶的活性，引起精子内 cAMP 浓度升高，从而使精子获能。咖啡因的添加有助于猪精子获能与卵母细胞皮质颗粒的释放，可有效阻止多精受精。腺苷也是在精子获能中常被使用的化学物质，与咖啡因相比，腺苷能提高正常受精率，它还能抑制因自发顶体反应而引起的顶体丢失（Funahashi and Nagai, 2001）。Almiñana 等（Almiñana, Gil et al., 2005）在获能中联合添加咖啡因和腺苷，证明了咖啡因在猪体外受精过程中所起的关键作用。

## 1.1.2.3　促进精子获能的物质

哺乳动物 IVF 精子必须先获能，获能物质因物种的不同而存在差异，小鼠及人精子获能时只需 BSA，而猪精子则还需一定浓度的咖啡因（caffeine），具体浓度因受精液不同而异。Caffeine 为磷酸化酶抑制物，能够抑制降解 cAMP 的酶，从而增加精子内 cAMP 含量，提高精子活力。但咖啡因并不是促进猪精子体外获能的最佳物质。Funahashi（Funahashi and Romar, 2004）比较了受精促进多肽（fertilization promotion peptide，FPP）、腺苷（adenosine）和咖啡因（cafeine）几种物质对猪体外受精的影响，发现 FPP 和腺苷与咖啡因相比，虽然降低了穿卵率（75%、71%、90%），但多精入卵比例却大大降低（25%、21%、87%），并认为造成此现象的原因是咖啡因诱使了绝大部分精子同时获能，而 FPP 或腺苷却有阻止精子同步获能的功能，因而使先获能的精子先穿卵，后获能的精子后穿卵，有效地防止了多个精子同时入卵。从 Funahashi 的实验结果可以看出，猪 IVF 时有必要寻找一种更佳的体外获能物质来替代现在使用的咖啡因，因此肝素被引进来（Funahashi, Asano et al., 2000）。肝素是一种高度硫酸化的氨基多糖类化合物，它与精子结合能引起 $Ca^{2+}$ 进入精子细胞，而使精子获能。Parrish 等研究认为，引起牛精子体内获能的活性物质是来自发情期输卵管液中的肝素样氨基多糖化合物，并推测其浓度为 780 mg·mL$^{-1}$，因此肝素对精子获能的处理被认为是接近于体内获能的生理方法。目前，普遍采用的是肝素上浮法（swin-up），其浓度为 100 mg·mL$^{-1}$，上浮时间 30 min。肝素处理法是目前精子体外获能的最常用方法，广泛应用于各种动物的精子获能，并且效果良好（Parrish, Krogenaes et al., 1995）。

## 1.1.2.4　精子处理方法

目前猪 WF 时精子处理方法有直接离心法、离心洗涤法、Pecroll 密度梯度离心法三种，以 Pecroll 法效果最好。Mata 等采用直接离心法、离心洗涤法、Pecroll 法处理精子进行 IVF，结果表明，用 Pecroll 法处理精子，穿卵速度及 MPF 形成最快，且穿卵率最高。

## 1.1.2.5　培养条件对体外受精胚发育的影响

哺乳动物早期胚胎在体外存在发育阻滞现象。发育阻滞的时间随动物种类的不同而不同，人类胚胎在 4-细胞晚期至 8-细胞早期发生发育阻滞，小鼠发生在 2-细胞期，大鼠在 8-细胞期，牛、羊发生在 8~16-细胞期，猪通常在 4-细胞期。引起发育阻滞的外因可能是培养条件的不完善和培养液营养成分缺陷；内因主要涉及基因激活等方面。发育阻滞多发生于从母型调控过渡到合子型调控的过程中，这个阶段被称为母型调控-合子型调控转换（MZT）。由于体内环境复杂，在体外实现完全模拟是非常困难的。研究表明，乳糖和丙酮酸可支持小鼠胚胎从 2-细胞到 8-细胞发育所必需的成分，2-细胞期胚胎的发育状况跟丙酮酸/乳糖的比值有关，两者比值在 120 左右时，最有利于阻滞型胚胎的正常发育[59]。Chatot 等[60]报道，丙酮酸作为体外培养液中的重要组分，能支持多种动物的早期胚胎发育。NaCl、谷氨酰胺和葡萄糖也能影响胚胎的发育，在不含谷氨酰胺的培养体系中，提高 NaCl 浓度可引起发育阻滞，加入谷氨酰胺又可消除这种阻滞。谷氨酰胺有可能充当了有机渗透剂的作用，或作为优先利用的能量底物而发挥作用[59, 60]。牛磺酸和亚牛磺酸也对胚胎发育有促进作用，在体外培养液中加入牛磺酸或牛磺酸 + 亚牛磺酸，能大大提高猪胚胎发育至囊胚的比例。目前，在猪体外培养系统中，广泛使用 NCSU-23 培养液，它是由美国北卡州立大学研制的猪胚胎专用培养液，能支持猪受精卵发育至囊胚。细胞共培养系统也被用来克服早期胚胎培养过程中的发育阻滞，相关的研究报道较多。由于体细胞在生长过程中能提供某些生长促进因子或减少培养液中的抑制成分，有助于克服发育阻滞。Krisher 等以假孕小鼠输卵管对猪 1-细胞胚进行异体培养，结果获得 80% 的桑葚胚或囊胚发育率[62]。Nagai 等[63]将猪 2-细胞胚胎与猪输卵管上皮细胞或猪胚原代成纤维细胞共培养，结果分别有 67% 和 61% 卵裂胚发育到囊胚。Yoshida 等[64]证明，利用颗粒细胞单层与胚胎或受精卵共同培养，也可克服体外生产胚的发育阻滞，并使之发育至囊胚。

## 1.1.3　猪 IVF 存在的问题

猪 IVF 目前存在的主要问题是多精入卵。正常猪卵母细胞体内受精时多精入卵比例只有 5% 左右，但在 IVF 时却高达 80%。其原因主要有：① 体内受精时精子经生殖道选择作用，最终到达壶腹部的精子与卵母细胞比例保持在 100∶1 左右。② 体内成熟卵母细胞存在多精入卵阻滞机制，当获能精子穿过透明带进入卵黄周隙并与卵黄膜接触时，诱使卵母细胞皮质层皮质颗粒释放蛋白酶等物质进入卵黄周隙（皮质反应），这些物质作用于透明带，使其结构发生改变，从而阻止了其他精子穿入（透明带反应）。而体外成熟卵母细胞体外受精时却存在皮质颗粒释放延迟现象，对多精入卵阻滞存在滞后效应。此现象可能与卵母细胞胞质成熟不理想有关，因为精子 DNA 解聚形成 MPN 时需卵母细胞胞浆中雄原核形成因子的参与。但 Yoshida 等认为精子获能不完全也有可能造成雄原核形成率较低（Yoshida, Ishigaki et al., 1993）。Matas 等认为进行猪胚胎体外生产研究时，应采用 Pecroll 法处理精子，以分离得到高活力的正常精子，提高体外受精效果（Matas, Coy et al., 2003）。

体外受精卵在培养过程中普遍存在发育阻滞，即胚胎发育到一定阶段后停止发育并发生退化的现象。猪在 4-细胞时期会出现这种现象。这就导致体外受精卵的体外囊胚发育率远低于正常体内受精卵的体内囊胚发育率。目前，体外受精产仔率低，在一定程度上制约了其推广应用。在牛上，IVF 胚胎移入受体后，产犊率比体内受精低 15% ~ 20%，但胎儿初生重却比人工授精后代高 3 ~ 4 kg，导致受体母畜难产率高。

综上所述，猪 IVF 结果受精液类型、受精液、精子密度、精卵比例和受精时间等因素的影响。因此目前猪 IVF 的一些参数难以标准化。虽然用细胞共培养、对受精方法加以改进或在 IVF 液中添加一些物质能够降低多精入卵，但仍没有达到令人满意的程度。胞浆内精子注射技术（ICSI）虽保证了单精受精，但因操作复杂、存在胚胎发育能力低下等问题，仍需加以完善。近年来发现猪多精入卵胚胎也能够发育至囊胚，只是与正常胚胎相比发育稍有延迟和细胞数偏少，当多精入卵胚胎移入受体后能够产生正常二倍体后代。多精入卵胚胎如何发育为正常胚胎，这其中的机理还不太清楚，有待进一步深入研究。

## 1.2　猪体细胞核移植研究综述

哺乳动物细胞核移植（nuclear transfer）是把供核细胞的细胞核通过显微操作的方法注入预先去核的卵母细胞或合子内，形成的重构胚在核质相互作用下，发生核的重新编程，使得重构胚像受精卵一样进行胚胎的分裂，然后移入同期的受体动物内，得到核移植个体。根据供体细胞来源不同，核移植一般分为胚胎细胞核移植（embryonic cell nuclear transfer）、胚胎干细胞核移植（embryonic stem cell nuclear transfer）和体细胞核移植（somatic nuclear transfer）。同时，核移植根据进行核移植的次数又可以分为原代核移植和继代核移植。继代核移植（multiple generation nuclear transfers）是用核移植获得的胚胎细胞作为下一次核移植的供核细胞，再进行核移植。第一次的核移植称为原代核移植，以后的核移植称为继代核移植。下面就体细胞核移植的发展进行概要介绍。

早在 20 世纪 80 年代，科学家研究发现在两栖类分化的体细胞中至少具有一部分全能性细胞，进一步的研究发现，两栖类不仅生殖细胞具有全能性，其体细胞也有全能性，至少有部分已分化的体细胞没有发生不可逆的改变，具有重新启动发育所需的一整套基因，它们与卵母细胞胞质相互作用，可以恢复全能性并重新发育成新的个体（Di Berardino and Orr, 1992）。Brinster 研究发现当小鼠骨髓细胞与小鼠囊胚嵌合后，骨髓细胞可进入嵌合体小鼠，这表明哺乳动物分化的体细胞可以重新发育并参与再分化。这些实验研究为哺乳动物核移植尤其是体细胞核移植奠定了基础。但是，真正的哺乳动物体细胞核移植要追溯到 1984 年。Czolouska 等（1984）的研究表明，当胸腺细胞与未激活的 M II 期卵母细胞融合后，胸腺细胞表现早期染色体凝集

（premature chromosome condensation，PCC）；移入激活的卵母细胞中时，发生核膨大及核仁出现等核形态的变化，这表明已分化的小鼠胎儿胸腺细胞核移植后可以发生形态重塑，形成原核样结构，推测体细胞可支持胚胎发育（Czolowska et al.，1984）。Kono 等（1991）报道用小鼠胸腺细胞进行核移植得到了发育的囊胚，但移植受体后未得到后代（Wakayama et al.，1998）。这些研究为体细胞克隆研究奠定了基础。由于当时人们普遍认为哺乳动物细胞在分化过程中遗传结构发生了不可逆的改变，部分基因发生缺失，失去了发育的全能性，因此他们的研究成果未引起人们的重视。1997 年，Willmut 等用培养的胎儿成纤维细胞和成体绵羊乳腺上皮细胞进行核移植，结果得到 3 只胎儿体细胞克隆绵羊和世界上第一只成年体细胞核移植动物——绵羊 Dolly（Wilmut et al.，1999）。当时，人们对 Dolly 也提出质疑，但经过 DNA 指纹分析，证明其遗传物质确实来源于成年绵羊乳腺上皮细胞（Signer et al.，1998）。Dolly 羊的诞生好像一颗"生物原子弹"，成为生物研究领域的又一重大突破。紧随 Dolly 之后，经过许多学者的努力，分别得到了小鼠（Wakayama，1998）、山羊（Baguisi，1999）、牛（Kato，1998）、猪（Polejaeva，2000）、兔（Chesne，2002）、猫（Shin，2002）、骡子（Woods，2003）、马（Galli，2003）、大鼠（Zhou，2003）和水牛（石德顺，2005）等多种动物的体细胞核移植后代。从而使人们开始重新认识细胞分化的本质、理论基础以及分化细胞的全能性。

对用作细胞核移植的供体细胞，世界各地科学家对多种类型体细胞进行了尝试，所选用的供体细胞越来越广泛。到目前为止，已有包括成体乳腺细胞、卵丘/颗粒细胞、输卵管/子宫上皮细胞、胎儿成纤维细胞、肌肉细胞、肝细胞、胎肺组织细胞、耳部皮肤细胞、睾丸支持细胞、尾尖细胞、初乳乳腺上皮细胞、胚胎干细胞、赛脱利氏细胞等多种不同组织来源的供体细胞得到克隆后代。并且随着核移植技术的发展，使用的供体细胞类型还在逐渐增多。

对哺乳动物细胞核移植的研究虽然经历时间不长，但已取得许多成就（Wilmut et al.，1997；Wakayama et al.，1998）。由于猪的体细胞克隆在建立动物疾病模型、进行基因工程药物生产和临床医学克隆治疗等方面存在的优势，已成为当今克隆领域的热点。2000 年，Polejaev 等得到首例体细胞克隆猪之后相继分别成功地得到了体细胞克隆猪（Viana，Caldas-Bussiere et al.，2007）。2003 年，Sanghwan Hyun 等[34]克隆出了表达强荧光蛋白的转基因猪。Jadeece

等克隆出了敲除 $\alpha$-1, 3-半乳糖苷转移酶基因的克隆猪，从而为人类培育异种器官移植猪跨进了一大步（Marques, Nicacio et al., 2007）。在我国，1995 年，西北农业大学窦忠英等（1995）用胚胎细胞核移植得到了 6 头猪。1996 年，湖北农科院魏庆信等得到了胚胎细胞核移植猪。东北农业大学的李光鹏等（1998）把猪 4-细胞胚胎的细胞核通过电融合移植到去核的体内和体外成熟卵母细胞中，出生了 2 头克隆猪。孙兴参等（1999）获得了猪卵丘细胞克隆囊胚。2003 年西北农林科技大学冯秀亮等得到了人体细胞和猪卵母细胞异种核移植囊胚。

尽管如此，猪的体细胞克隆效率很低，许多有关环节的机制还不清楚。

## 1.2.1 影响猪体细胞核移植的研究进展

### 1.2.1.1 胞质受体

一般的胞质受体有去核受精卵和去核卵母细胞，另外，小鼠还可用去核 2-细胞胚作为胞质受体。后来，Nasyshima 等（1992）证明去核卵母细胞作为胞质受体效果好。现在普遍选择去核卵母细胞作为胞质受体。

成熟卵母细胞的来源一般有体外和体内两种途径。Gab-Sang Li 等比较了这两种途径来源的卵母细胞体外发育的情况，发现体内成熟的卵母细胞的孤雌激活胚发育到囊胚及 2-细胞到囊胚之间不同阶段的胚胎比体外成熟的卵母细胞的孤雌激活胚多，但是用体细胞重组克隆胚发育到囊胚及 2-细胞到囊胚之间不同阶段的胚胎数相似（Liu, Mal et al., 2005）。Hyun 等研究发现从经产母猪获得卵母细胞无论是成熟率还是在体外发育能力都比从未产母猪获得的卵母细胞好。由此可见，选择经产母猪体内成熟的卵母细胞作为胞质受体能提高克隆的效率（Lee, Kang et al., 2005）。

选择合适卵龄的成熟卵母细胞作为胞质受体对核移植有很大的影响。一般选择成熟培养 40～44 h 的卵母细胞。Kazuchkia Miyoshi 等研究发现 24 h 成熟的卵母细胞与 30 h、42 h 的卵母细胞相比，虽然其融合率和卵裂率没有显著差别，但是囊胚形成率却差异显著，分别为 14.1%（22/156）、3.0%（5/168）、6.0%（13/217）（Kim, Lee et al., 2005）。究其囊胚形成率高的原因可能在于能在 24 h 内成熟的卵母细胞在成熟培养前大都处在 GV Ⅱ 期至 GVBD 发生时期之间，而在这个时期的卵母细胞胞质成熟好，从而能更有效地支持核重新编程（Lee, Kang et al., 2005）。可见，尝试选择此时间成熟的卵母细胞作为胞质受体也许能有效支持核的重新编程和重组。

猪卵母细胞体外成熟培养及体外发育能力与成熟液和培养条件有密切的联系。现在普遍用两种基本的成熟培养基础液配方——NCSU-23 和 TCM199：第一种成熟培养液由无 BSA（牛血清白蛋白）的 NSCU-23 添加其他营养物质和激素组成（Tatemoto, Muto et al., 2004），而另一种由 TCM199 添加其他营养物质和激素组成。有人比较两种培养液的成熟效果，发现两者在成熟率上不存在差异显著，但其体外重组胚的发育差异显著。一般有两种培养条件：其一为 39 ℃，5%的 $CO_2$，95%的空气；其二为 39 ℃，5%的 $CO_2$，5%的 $O_2$，90%的 $N_2$。研究表明，在不同氧浓度下，尽管囊胚形成率没有区别，但是囊胚中的细胞数在氧浓度为 5%时较多（Lee, Kang et al., 2005）。但从大多数的国内外文献报道及个人的实验来看，选择 TCM199 为基础液的成熟配方，同时选择 NCSU-23 为胚胎培养液，能得到比较理想的效果。

### 1.2.1.2  供核细胞

目前在成功得到体细胞克隆猪个体研究中，作为供核细胞的种类很多，如胎儿成纤维细胞、颗粒细胞及成体成纤维细胞等。Kato 等（1998）认为选择颗粒细胞较好，因为①卵丘细胞是自然静止于 $G_0/G_1$ 期的细胞；②卵丘细胞是包围在卵母细胞周围的细胞，在卵母细胞生长发育过程中，卵丘细胞与卵母细胞一直存在着信息交流，核移植后二者更容易相互作用；③卵丘细胞内端粒酶活性较高，不会由于染色体端粒变短而使细胞老化。但是有研究发现，用胎儿成纤维细胞的效果好（Pujol, López-Béjar et al., 2004）。因为胎儿成纤维细胞为较未分化细胞，易于在胞质中重新启动核编程。Yamazaki 等（2001）研究也证明了未分化细胞更能有效支持核重新编程。同时，Lee 等（2003）比较猪成体和胎儿成纤维细胞、颗粒细胞和输卵管上皮细胞对核移植的影响，得到的结果显示，胎儿成纤维细胞效果最好。尽管用上述不同的供核细胞都获得了体细胞克隆猪的个体，但是从文献报道的数量上看，选择胎儿成纤维细胞作为体细胞克隆猪的供核细胞能更有效得到体细胞克隆猪的个体。

在选择供核细胞的细胞周期处于什么阶段的问题，从体细胞克隆开始就一直讨论到现在，学者们彼此各持不同的观点。1997 年，Campbell、Schniekei 等认为只有 $G_0$ 期的供核细胞才能正确进行重新核编程。Cibelli 等（1998）也发现选择 $G_0$ 期的供核细胞好。Zakhartcheko 等（1999）、Hill 等（1999）也证明了这一点。但是 Wakayama 等（1998）利用 $G_1$ 和 $G_2/M$ 期供核细胞也成功克隆出了小鼠。之后，赖良学等（2001）研究选择 $G_2/M$ 期的细胞作为供核细胞，发现处于 $G_2/M$ 期的供核细胞能在去核 MⅡ 期的猪卵母细胞中重新编程，其额外的染色体以第二极体的形式排出卵母细胞，同时成功获得了体细胞克隆猪。因此，目前的研究状况说明 $G_0$ 期或 $G_2/M$ 期的供核细胞都能有效地在胞质受体中进行正常核编程。现在一般认为除了 $S$ 期外，其他时期都可以。Lanza 等（2000）认为因为没有一种伴随核移植动物出生的细胞周期专一性标记物证明核移植的后代来源于某一特定时期，因此关于供核细胞周期的选择仍然没有很清楚的认识，还需要继续深入研究。

### 1.2.1.3　显微操作

#### 1）去　核

显微操作对于体细胞克隆效率有着决定性的影响。如果去核不完全，会导致克隆胚染色体的不完整性，造成卵裂异常，影响克隆胚的发育；如果胞质丢失过多，则不能进行有效的核重新编程。显微操作一般由两部分组成：去核和注核。

去核即去除卵母细胞内核遗传物质。去核方法一般有两种：① 活性荧光染料（Hoeches33342）定位法，但是这对卵母细胞多少有所损伤；② 盲吸法，这一方法以排除第一极体为标志，可以尽快将核从去核针内排出来，提高去核效率。杨红等（2001）认为，该方法一方面可防止核堵塞针管，另一方面则可根据吸出物质的性状判断核是否吸出：如果吸出物为丝状成团块状且不分散，则判断为核；如果吸出物质为颗粒状且很快分散，则为细胞质。也有用化学诱导去核和利用纺锤体探测技术去核。化学诱导去核法就是用脱羰秋水仙碱（demecolcine）处理激活的 MⅡ 期卵母细胞，使其排出第二极体。由于脱羰秋水仙碱的作用，核染色质没有分开而全部进入排出的第二极体，从而完成去核。Masahiro Kawami 等（2003）用 $0.1 \sim 0.4\ \mu g \cdot mL^{-1}$ 脱羰秋水仙碱处理猪的 MⅡ 期卵母细胞 60 min，成功进行了去核，并且获得了体细胞克隆猪。纺锤体探测技术就是利用 MⅡ 期卵母细胞的细胞质和纺锤体对光的不同折射率，在显微镜光学系统上附加在极性光学显微镜基础上研制出的一种纺锤体图像观察系统——Spindle-View 偏振光系统，将该系统捕获的图像进行计算机处理，显示出 MⅡ 期染色体（纺锤体）所处位置，然后通过显微操作去核。用该方法可以对 MⅡ期卵母细胞进行准确去核。这一方法可有效地用于小鼠、仓鼠、牛和人卵母细胞的去核（Herrick, Behboodi et al., 2004）。但是由于猪卵母细胞的脂肪滴太多，在此系统下不能观察到纺锤体，目前，该技术不能应用于猪的卵母细胞去核。但如果能有一种方法把猪卵母细胞的脂肪滴浓度降低，如用离心的方法等，也许在不久的将来该技术能有效应用于猪卵母细胞去核。

### 2）注　核

注核一般分为透明带下注射和胞质内注射。胞质内注射一般用 piezo-drill（压电-陶瓷系统）微注射系统，直接把供体核注入胞质内（Shimada, Nishibori et al., 2003）。透明带下注射则把整个供核细胞注射至卵周隙，并需要融合。但是，目前也有研究者直接把整个供核细胞注入胞质内，不需要融合而且效果非常好，其囊胚形成率达 37%（Rodrigues and Rodrigues, 2003）。他们认为：① 移入的供核细胞的细胞膜会逐渐在胞质受体中消失；② 这样做不需要进行融合，减少了体外操作时间；③ 移入的胞质成分也许对重组胚的进一步发育很重要；④ 确保了 DNA 能完全进入去核的卵母细胞，避免为获得供体核过程中对供体核结构的损坏，因此这样能更有效地支持重组胚的发育（Rodrigues and Rodrigues, 2003）。

尽管如此，Peura 等采用与传统显微操作程序相反的方法，利用去除透明带的绵羊卵母细胞，先融合外来核，然后再去掉卵母细胞核，不仅结果好，而且大大缩短了体外操作时间（Lonergan, Rizos et al., 2003）。Oback 等应用此方法获得体细胞克隆牛；同时 Booth 等应用无透明带的猪卵母细胞进行核移植，获得了较好的效果。因此，在显微操作方面，目前已有许多科研工作者尝试一些新的方法，这些方法主要是减少操作强度和难度，从而让更多的科研工作者更易进入这个领域。

## 1.2.1.4　激　活

大多数哺乳动物排出的卵母细胞都停留在 MⅡ期，直至被精子受精激活或人工诱导激活才完成第二次成熟分裂。在体内排出的卵母细胞停滞在 MⅡ期是由于持续高水平的成熟（分裂）促进因子（maturation promoting factor, MPF）和/或细胞静止因子（cytostatic factor, CSF）所致。MPF 的活性是由对 $Ca^{2+}$ 非常敏感的 CSF 来维持，$Ca^{2+}$ 浓度升高破坏了已存在的 CSF，从而导致 MPF 活性降低。MPF 水平下降或消失，就会引起卵子活化，促使卵母细胞离开 MⅡ期，完成减数分裂并进行孤雌发育。

卵母细胞的激活主要有物理和化学两种方法。物理激活包括机械刺激、温度变化和电激活等，但应用较多的是电刺激法，由于它模拟了精子受精时钙离子瞬时性升高，一般效果比较好。对猪而言，一般电刺激参数为 DC（直流电）：$0.9 \sim 2.1 \, kV \cdot cm^{-1}$，一次脉冲，$30 \sim 100 \, \mu s$ 或 $1.0 \sim 1.5 \, kV \cdot cm^{-1}$，二次脉冲，$60 \, \mu s$ 或 $1.3 \, kV \cdot cm^{-1}$，三次脉冲，$60 \, \mu s$。猪卵母细胞的激活从多篇文献及个人实验选择 DC：$1.5 \, kV \cdot cm^{-1}$，二次脉冲，$60 \, \mu s$，间隔 3 s。在此前后给予一个 10 V，5 s 的交流电，往往能得到比较好的效果。

化学激活方法则有很多种，如注射钙粒子缓冲液，用 7%乙醇短时间处理或用钙离子载体 A23187 处理。Machaty 等（1997）认为 $Ca^{2+}$ 的释放依赖于受体复合体上的巯基，用乙基汞硫代水杨酸钠（thimerosal）和二硫苏糖醇（DDT）结合能有效激活猪的卵母细胞。近年来，好多学者使用离子霉素（inomycin, Ino）进行激活，因为离子霉素是一种高效的钙离子载体，可动员细胞的 $Ca^{2+}$ 释放，并依次触发后期 $Ca^{2+}$ 的内流，引起细胞内的 $Ca^{2+}$ 浓度升高和卵母细胞的激活。单一使用 Ino 可以激活卵母细胞，但排出 $PB_2$ 后染色体浓缩，很少形成二倍体的原核，因此，它通常与 6-DMAP（6-二甲氨基嘌呤）、CHX（放线菌酮）或焦磷酸钠（sodium pyrophosphate, SPP，一种 cdc2 激酶抑制剂）配合使用。孙兴参等（2001）研究表明，$10 \, \mu mol \cdot L^{-1}$ Ino 和 $2 \, mmol \cdot L^{-1}$ 6-DMAP 联合作用可使 80%以上的猪卵母细胞激活，上述这些都依赖于 $Ca^{2+}$ 浓度的升高。但放线菌酮（CHX）不同，在其他因素激活前提下 MPF 和/或 CSF 失活，CHX 又通过抑制了卵内新的相关蛋白质（如 cyclin B，CSF）的合成，使之不能产生卵母细胞维持在 MⅡ期所需的新的 MPF 和 CSF，使卵母细胞 MPF 活性迅速下降，从而导致卵母细胞激活，因此 CHX 一般与其他因素联合使用。

猪的重构胚激活一般应在融合处理后进行（Boquest, Grupen et al., 2002）。因为未激活的卵母细胞有高水平 MPF，有利于供体核在融合之后发生核膜破裂（NEBD）和染色体超前凝集（PCC），而 NEBD 和 PCC 是猪核移胚重排所必需的。因此，用电刺激的方法并结合其他的化学方法在核移植后几小时进行激活，往往能达到比较理想的激活效果。

### 1.2.1.5　重构胚的培养和移植

在体外培养胚胎要求严格，因为体外环境的变化能改变一些重要基因的表达，血清的添加也可能改变印记基因的表达。而这些基因的正常表达对于克隆动物正常发育密不可分。因此，在体外培养条件不完善的情况下，可在中间受体的输卵管中培养到桑葚胚或囊胚就能克服胚胎在体外培养发育的缺陷（De La Fuente and O'Brien et al., 1999）。移植克隆胚要获得后代，妊娠识别和妊娠维持是关键。猪妊娠识别和妊娠维持与其他单胎动物相比必须有一定数量的胚胎。魏庆信等（2002）认为至少有 4 个好胚胎着床才能维持正常妊娠，所以必须移入大量的胚胎。De Sousa 等（Wang, Sun et al., 1997）认为用绵羊孤雌激活胚与其克隆胚共同移植，这些孤雌激活胚能提供妊娠信号，就能使之妊娠，此后这些孤雌胚胎退化死亡；同时使用一些激素使之维持妊娠。因此使用无血清培养系统，如 4% BSA 的 NCSU-23 进行胚胎培养，同时采用与孤雌激活胚共同移植的策略，可大大提高克隆重组胚移植的成功率。

尽管在体细胞克隆猪的研究上取得了许多成绩，但是总的效率很不理想。这可能是由于在体外培养过程中，卵母细胞和供核细胞的外在修饰会改变一些基因的正常表达，如印记基因和 *OCT*-4 基因，这样常常会使克隆胚胎发育异常。解决这些问题需要不断完善克隆过程的各个环节，深入了解其作用机理，如核质相互作用、基因重新编程机理和核印记基因对克隆胚胎发育的影响等。

## 1.2.2　其他动物核移植研究进展

### 1.2.2.1　羊

在世界首例克隆动物绵羊 Dolly 出生之前，人们已对其他动物体细胞核移植进行了尝试，但不可忽视的是 Dolly 的成功诞生在核移植研究史上具有极其重大的意义，大大鼓舞了核移植研究领域的同行，也推动了其他动物核体细胞移植的发展。Dolly 出生后不久，PPL 公司就报道从 35 日龄胎儿分离得到体细胞，经传代培养并转染新霉素抗性基因（*neo*）和人抗凝血因子Ⅸ基因，以此转基因体细胞进行核移植，得到了首例携带人抗凝血因子基因的转基因克隆绵羊——"Polly"。这是首次获得转基因体细胞核移植成功的报道，证明转基因技术与核移植技术相结合，可以生产潜力巨大的转基因动物

（Hosoe and Shioya, 1997）。Mccreath 等（2000）用基因打靶的方法插入治疗人类疾病基因的成纤维细胞进行核移植，得到了转基因羊（Pujol, López-Béjar et al., 2004）。

对 Dolly 进行 DNA 检测发现，其核 DNA（nDNA）来源于供体细胞，而线粒体 DNA（mtDNA）来源于受体卵母细胞，这说明线粒体的遗传为母性遗传（Wang, Hosoe et al., 1997）。但是，后来研究发现，线粒体的遗传不一定是严格的母性遗传，可能两种线粒体共存。De Sousa 等对来自黑头威尔士羊的两个细胞系作为供体时核移植胎儿发育情况进行比较，发现胎儿正常率存在差异。Dinnyes（2001）研究发现，道塞特羊皮肤细胞用作核供体时较苏格兰黑胎羊皮肤细胞用作核供体时重构胚发育率高，表明来自不同个体、不同品种的供核细胞在核移植效率上存在差异（Ringrose and Paro, 2004）。

体细胞核移植山羊诞生于 1999 年，Baguisi 等将 40 日龄山羊胎儿成纤维细胞转染人类抗凝血因子Ⅲ基因，用两种方法把供核细胞注入周期Ⅱ和末期Ⅱ去核的卵母细胞内，经核移植后得到 3 只遗传完全相同的转基因山羊，其中 1 只羊在奶中高度表达人抗凝血因子Ⅲ，经过分子遗传分析，这些山羊的核物质来源于胎儿成纤维细胞（Funahashi, Cantley et al., 1994）。2001 年，Keefer 分别由胎儿成纤维细胞得到了 1 只转染外源基因的山羊和 4 只未转染外源基因的山羊。同年他们又得到了 7 只源于颗粒细胞的克隆山羊，且获得的克隆山羊的生理指标在正常范围内（Funahashi, Cantley et al., 1994）。此后，Behboodi 等（2001）和 Chen 等（2001）分别用转基因羊皮肤成纤维细胞和转基因胎儿成纤维细胞得到了转基因克隆山羊。这些研究表明，经过转基因的体细胞可以进行核移植，且不影响核移植效率，同时可以使获得的克隆动物携带特定的目的基因。因此，可以利用两种技术的结合生产表达药用蛋白的动物，或生产各种基因工程动物（Santos and Dean，2004）。

在我国，2000 年，西北农林科技大学郭继彤等用山羊皮肤成纤维细胞作为供核细胞，通过胞质注射直接注入胞质中，然后用 Ionomycin 和 6-DMAP 联合激活的方法激活重构胚，接着移植受体，得到 2 只遗传相同的体细胞克隆山羊——"元元"和"羊羊"，这是世界上首批体细胞克隆山羊。

从以上有关绵羊和山羊体细胞核移植研究报道可以看出，绵羊和山羊核移植的主要方向在于转基因羊，尤其是可以在乳腺中表达的转基因羊的研究，生产乳腺生物反应器，以获得医用蛋白。而转基因羊研究中，利用转染外源基因的体细胞作为供核细胞是一个简单、高效的方法。

### 1.2.2.2 鼠

首先需要指出的是，由于小鼠生殖周期短，而且其基因遗传背景比较清楚，所以利用体细胞核移植技术，已成为研究核重编程等有关克隆原理及有关疾病基因的一个好的动物模型。同时，其他动物进行核移植一般用电融合的方法，但小鼠一般用胞质注射的核移植方法，即把供核细胞直接注入去核的卵母细胞胞质中。

1998 年，Wakayama 等用 Pizeo-drill 显微操作系统把不经过培养的小鼠卵丘细胞注入去核的 M II 期卵母细胞胞质中，进行核移植，获得了 31 只克隆小鼠，这是继 Dolly 之后第二种哺乳动物体细胞核移植成功的报道（Yang, Hwang et al., 1998）。与得到"Dolly"的核移植方法相比，此方法不需要进行融合，而且注入的供体胞质部分很少。同时还有用睾丸支持细胞和神经细胞进行核移植的实验，但只得到了早期胎儿，没有得到出生的个体。次年，随着技术的提高，他们又用成年小鼠的尾尖细胞进行实验，也得到了核移植小鼠（Wolf, Serup et al., 2011）。1999 年，Kato 分别用滤泡上皮细胞和卵丘细胞作为供体，获得的重构胚再进行连续核移植，由滤泡上皮细胞继代核移植得到了妊娠 19.5 d 的 1 个死胎，且其囊胚发育率达 34%，由卵丘细胞继代核移植胚观察到 1 个附植点，且其囊胚发育率达 20%，未观察到子宫内的胎儿（Wheeler, Clark et al., 2004）。Ono 等（2001）用胎儿成纤维细胞重构胚进行继代核移植，得到 2 只发育正常的继代克隆小鼠，并且证明处于细胞分裂中期的体细胞核能够在合适的胞质受体中进行核的重新编程（Wang, Falcone et al., 2002）。Ogura 等（2000）用胞质内直接注射法由未成熟睾丸支持细胞得到克隆小鼠后，用电融合法由尾尖细胞也得到 7 只克隆小鼠，由此证明用电融合的方法也能成功获得克隆小鼠（Uhm, Gupta et al., 2007）。

进行小鼠体细胞核移植研究的一个重要意义在于，用体细胞核移植胚胎建立胚胎干细胞系（snt ES 细胞），为人类治疗性克隆提供理论依据和进行一些基础研究，即由获得克隆胚胎接着进行胚胎干细胞的建系、传代和其他有关干细胞的研究。2000 年，Kawase 等报道由胎儿神经细胞核移植囊胚获得了 snt ES 细胞，进一步的研究表明这些细胞能够向其他功能细胞分化，具有胚胎干细胞的特性。2001 年，Wakayama 等用小鼠 snt ES 细胞进行核移植，得到了 20 只小鼠，其中 11 只具有正常繁殖能力，表明所用 snt ES 具有发育全能性，因此可以用类似的方法建立人类胚胎干细胞系，然后用此干细胞系进一步分化产生各种细胞、组织及器官，从而治疗人类自身的一些疾病（Trimarchi, Liu et al., 2000）。2003 年，周琪与法国科学家发明了能够精确控制大鼠卵细胞自发活化的专利技术，利用药物控制的方法，将大鼠卵子细胞的发育过程人为变慢，在世界上首次获得了克隆大鼠。

因此，这些研究成果对人类治疗性克隆研究将会产生极大的推动作用和深远的影响。另外，利用核移植技术与分子遗传操作技术结合，可以生产基因工程遗传小鼠，研究基因的具体功能和表达调控机制。

### 1.2.2.3　牛

在体细胞核移植研究领域，牛体细胞核移植研究最广、最多。因为牛在畜牧业生产中占有重要地位。另外，有关牛卵母细胞体外成熟、体外受精、体外培养、胚胎细胞核移植以及胚胎移植等的研究已有扎实的研究基础。因此，可选用的细胞类型和成功获得的克隆个体数量上都远远超过其他动物。

目前牛的卵母细胞体外成熟一般以 TCM-199 作为基本培养液，添加激素等物质。有研究报道（陈鸿冰和卢克焕，1994），成熟基础液为 TCM-199 液中加入 100 IU·mL$^{-1}$青、链霉素，5% OCS 和 10 ng·mL$^{-1}$ EGF，卵母细胞成熟率达到 76%，囊胚率为 23.68%。Yang 等（Yang, Zhao et al., 2005）报道的成熟液，TCM-199 添加 10%胎牛血清（fetal calf serum, FCS）、10 mg·mL$^{-1}$ LH，1 mg·mL$^{-1}$ E2 和 1 mg·mL$^{-1}$ FSH，卵母细胞成熟率达到 72%~73%，囊胚率最高达到 51%。

1965 年，Edwards 等（Edwards, 1965）首先进行了牛卵母细胞 IVM 研究。1978 年，Newcomb 等（Newcomb, Christie et al., 1978）获得了首例 IVM 牛卵母细胞经体内受精后出生的后代。1981 年，Brackett 等（Brackett, Bousquet et al., 1982）在美国率先培育出世界上第一头 IVF 牛犊，使家畜体外受精技术的研究取得了重大突破。1986 年，Cister 等（Critser, Leibfried-Rutledge et al., 1986）和 Hanada 等（Hanada, Enya et al., 1986）通过 IVM 牛卵母细胞、IVF、异体培养及非手术移植分别获得了试管犊牛。1987 年，Lu 等（Lu, Gordon et al., 1987）用肝素（100 μg·mL$^{-1}$）处理上浮的牛精子，进行精子体外获能，对 IVM 的牛卵母细胞进行体外受精，将受精卵移到绵羊的输卵管内发育，再移植到 19 头受体牛子宫角，结果 14 头牛妊娠。1988 年，Goto 等（Goto, Kajihara et al., 1988）和 Lu 等（Lu, Gordon et al., 1988）分别获得了牛卵泡卵母细胞 IVM-IVF-IVC 试管犊牛。石德顺等（徐照学和钱菊汾，1996）利用 IVM-IVF-IVC-FC 路线，生产了大批牛胚胎，并经过胚胎移植，获得了 200 余头试管黄牛犊。旭日干课题组在国内进行胚胎移植，获得了良种试管牛犊 350 余头。1996 年，徐照学等利用屠宰后的黄牛卵巢，建立了一套有效的卵泡卵母细胞体外培养成熟—体外受精—受精卵体外发育程序，使受精卵的卵裂率以及桑葚胚和囊胚的发育率分别提高到 78.3%、59.3% 和 50.89%。胥焘等报道，卵母细胞成熟率达到 76%，囊胚率为 23.68%。赵红卫等报道，通过添加发情母牛血清（oestrus calf serum, OCS）使得牛卵母细胞成熟率达 92.17%。

早在 Dolly 羊诞生以前，Delhaise 等就研究证明牛胎儿的原始生殖细胞在胞质中部分恢复其发育全能性，其核移植胚胎可以发育到囊胚（Delhaise et al., 1995）。1998 年，kato 等用卵丘细胞和输卵管上皮细胞作为供核细胞进行核移植，得到 8 头犊牛，其中 5 头源于卵丘细胞，3 头源于输卵管上皮细胞。该结果进一步证明已分化的体细胞具有发育全能性，能够在合适的胞质环境中进行核重新编程，经核移植后可以获得后代（Sneddon, Wu et al., 2003）。Cibelli 等（1998）用转染外源基因的胎儿成纤维细胞作为供核细胞进行核移植，得到 3 头转基因克隆牛（Sharpless and DePinho, 2002）。Wilmut 等（1998）研究发现，分化程度高的细胞，甚至是分化终端的细胞仍具有发育全能性（Orsi and Leese, 2001）。随后，Shiga 等、Zakhartchenko 等和 Vignon 等于 1999 年分别用肌肉细胞、乳腺上皮细胞和皮肤成纤维细胞得到克隆犊牛，证明分化程度高的细胞，甚至是分化终端的细胞仍具有发育全能性（Oltvai, Milliman et al., 1993）。Kubota 等（2000）将 1 头 17 岁老牛耳缘皮肤成纤维细胞培养 3 个月传 15 代后核移植，得到 4 头犊牛，证明体细胞核移植供体细胞来源动物年龄不影响体细胞核移植，供体细胞经长期培养后仍具有发育全能性（Okada, Krylov et al., 2006）。Kishi 等（2000）由初乳中分离乳腺上皮细胞用作核供体，得到 2 头犊牛，该方法使体细胞来源更广泛，更容易采集，进一步推动了核移植技术的发展及在其他领域的发展（Nasr-Esfahani and Johnson, 1991）。

目前，牛体细胞核移植研究中较多使用的供体细胞有（Nasr-Esfahani and Johnson, 1992；Kato，Tani et al., 2000；Miyoshi, Mori et al., 2010）：胎儿成纤维细胞、胎儿肺组织细胞、颗粒细胞/卵丘细胞、输卵管和子宫上皮细胞、乳腺上皮细胞、成年动物皮肤成纤维细胞、肌肉细胞、肝细胞。随着核移植技术的发展，使用的供体细胞类型也逐渐扩大，可选择的体细胞范围也更加广泛，由选择分化程度很高的软骨细胞作供体进行核移植，而研究获得的重组胚的发育潜力与卵丘细胞构建的重组胚相同（Migliaccio, Giorgio et al., 1999）。同时，使用的供体细胞也逐渐转入一些有意义的目的基因（Kure-bayashi, Miyake et al., 2000； Kuijk, Du Puy et al., 2008），还有用冷冻/解冻的静止期细胞（Korsmeyer, Shutter et al., 1993）。所用的卵母细胞除目前常用的体外成熟卵母细胞外，开始用冷冻保存的卵母细胞；技术上也开始尝试用在小鼠身上试验较成功的细胞质内注射法构建重组胚（Hockenbery, Oltvai et al., 1993； Kingsley, Whitin et al., 1998）；核移植技术从原代向继代核移植发展（Hao, Lai et al., 2003）；传统的核移植技术也向无透明带核移植技术转化并且成功获得了无透明带核移植牛（Gupta, Uhm et al., 2008）；重组胚的激活也多样化，如用更加稳定的化学激活方法或电激活-化学激活联合来代替以往常用的电激活方法；开始用胚胎体外化生产（in vitro production, IVP）所用的方法来培养和保存体细胞核移植胚胎。总之，在体外生产胚胎上所用的主要技术都开始应用于核移植胚胎，并且开始对体细胞核移植与体外受精胚胎在基因转录和表达上的差异进行分析，以期分析核移植胚胎发育与妊娠率低、流产率高的原因（Guerin, El Mouatassim et al., 2001）。

在我国，有关牛体细胞核移植的研究在近几年也取得了很大进展。2001年，李雪峰用培养的牛耳缘皮肤成纤维细胞和卵丘细胞作核供体进行核移植，囊胚率分别为 11.9% 和 16.5%，重构胚移植受体后，1 头 93 d 后流产，2 头推迟返情（63 d，75 d）。杨素芳（2002）用卵丘细胞和耳部皮肤成纤维细胞作为供体进行水牛核移植，1 头妊娠牛于妊娠 7 个月时流产，产下一只来源于耳部皮肤成纤维细胞的死胎。安晓荣（2002）等用卵丘细胞作为核供体，得到 2 头克隆牛犊。在他们的实验中还得出，不同个体来源细胞、核质相容时间对囊胚率影响显著，供体细胞饥饿与否不影响克隆效果。陈大元等（2003）用耳部皮肤成纤维细胞构建重构胚，将 230 枚重构胚胎移植到 112 头受体牛体内，产下 14 头克隆犊牛。

目前，牛体细胞核移植研究已从单纯的基础研究转为应用研究，结合转基因技术生产目的基因稳定表达的转基因牛进行繁殖，或者生产乳腺生物反应器，为人类提供大量药用蛋白。Brophy 等最近报道，将 $\beta$-和 $\kappa$-酪蛋白基因转染牛胎儿成纤维细胞后进行核移植，得到 11 头表达转移基因的后代，其中 9 头 $\beta$-酪蛋白表达提高 8% ~ 20%，$\kappa$-酪蛋白表达提高 2 倍，从而使乳质大为提高（Goto, Noda et al., 1993）。

### 1.2.2.4 兔

Stice 和 Robl 在 1988 年就得到了胚胎细胞核移植兔, 与绵羊、牛等哺乳动物胚胎核移植成功的时间差不多, 但体细胞核移植研究进展相对较慢, 研究内容也不多。1999 年, Dinnyes 等和 Mitalipov 等分别用成年兔成纤维细胞与去核卵母细胞构建重构胚, 融合后分别用电脉冲和 1, 4, 5-三磷酸肌醇 (IP3) 与 6-二甲氨基嘌呤 (6-DMAP) 联合激活重构胚, 得到了较好的囊胚发育率, 但未进行胚胎移植 (Shi, Dirim et al., 2004; Sullivan, Kasinathan et al., 2004)。2000 年, Yin 等将卵丘细胞传 3~5 代后与去核卵母细胞融合, 用电脉冲和 6-DMAP 联合对核移植胚进行激活, 卵裂率达 66%, 囊胚率达 23%, 174 枚重构胚移植到 8 只受体体内, 其中 3 只受体观察到附植点, 但未发现胎儿 (Yin, Tani et al., 2000)。Dinnyes 等 (2001) 用与 Yin 等相同的方法, 以兔耳部成纤维细胞构建重构胚, 重构胚发育率与 Yin 等的结果相似。随后, 体细胞核移植兔的成功获得在于两个关键因素的研究和发现: ① 融合后重构胚的激活时间; ② 移植重构胚时, 受体动物子宫内环境的同期 (Chesné, Adenot et al., 2002)。Chensne 等研究发现, 在与去核的卵母细胞融合后, 应该让重构胚停留一段时间才进行激活, 以保证发生 (核膜破裂 NEBD) 和染色体凝集 (PCC), 因为在未激活的卵母细胞中, MPF 比较多, 而 MPF 有利于发生核膜破裂和染色体凝集; 然后进行激活, 其化学激活处理剂 CHX 和 6-DMAP 是蛋白质抑制剂, 可以减少 MPF 的量, 使得激活的重构胚退出 MII 期, 进入细胞周期中的下一个分裂期, 促进其发育 (Cory and Adams, 1998; Donehower, 2002)。Chensne 等 (2001) 发现用卵丘细胞构建重构胚后, 囊胚发育率明显高于胎儿成纤维细胞构建的重构胚 (46.7%、3.6%), 经进一步研究, 于 2002 年用卵丘细胞获得了 6 只仔兔 (Cory and Adams, 1998; Donehower, 2002)。

在我国, 1999 年, 王敏康等进行鼠兔异种间的核移植研究, 其桑囊率分别为 4%、2%; 2000 年, 李光鹏等用肌成纤维细胞构建重构胚, 囊胚率为 37.1%。

总之, 由于兔的核移植研究存在很多的个体差异, 核移植的效率并不是很好; 但是, 已经取得了很大的成绩, 尤其是在异种克隆研究上, 用来保护濒临灭绝的动物, 如大熊猫等。

#### 1.2.2.5 马、狗、猫

尽管体细胞核移植已在很多动物身上获得了成功，但是由于不同动物本身的差异性，因此有些动物的核移植研究开展比较晚，且进展也比较缓慢。下面就这些动物的研究进展作一简单介绍。

首先介绍马属动物的克隆研究。由于马属动物在体外受精等方面研究进展缓慢，其核移植研究受到很大的影响。但是，近年来随着很多研究学者在马属动物卵母细胞体外成熟培养及胚胎体外培养方面取得的进展，大大推动了核移植研究。2003 年，Galli 等（Cloos, Christensen et al., 2008）用体外培养成熟的卵母细胞进行核移植后，再进行体外培养获得囊胚后，其中 17 个囊胚用非手术的方法移入受体动物体内，其中 4 头妊娠（24% 的妊娠率），2 头在妊娠 21 d 后就流产了，1 头妊娠到 187 d，最后只有 1 头妊娠到期，成功获得了体细胞克隆马。2003 年，Woods 等（Alvarez, Minaretzis et al., 1996）进行核移植，以骡的胎儿成纤维细胞作为供核细胞，移入去核的体内成熟的卵母细胞胞质中，然后在激活后立即移入受体动物的输卵管中，其妊娠率为 6.9%（21/305），在妊娠的动物中只有 3 头超过了 45 d，妊娠到期后出生了 5 头体细胞克隆骡。

由于狗是人们比较喜欢的一种宠物，因此进行狗的克隆研究有很大的商业应用价值。同时，由于狗在某些特殊行业的应用价值，如警犬，进行一些珍贵品种狗的克隆研究很有必要。而且，进行狗的核移植研究有遗传学等科学研究价值。正是如此，大大推动了狗核移植研究的发展。但是，进行狗的核移植研究必须克服狗的两个生理难题：① 所排出的卵母细胞没有成熟；② 生殖周期比较长，一般为 6~12 个月。而且，体外培养狗的卵母细胞成熟非常难。因此，现在进行核移植研究时，一般通过外科手术的方法收集卵母细胞，在进行核移植等相关操作后再移入受体内。尽管如此，Westhusin 等（R. Anilkumar, 2010）研究发现，将 131 个胚胎移植到 27 个受体内，在第 21 d 通过超声诊断，有 1 个受体怀孕，但是发现胎儿在 36 d 停止了心跳，对 39 d 死的胎儿进行人工流产，经过 DNA 分析，此胎儿来源于进行克隆时的供核细胞。2005 年，有研究报道成功获得了克隆狗（Small, Colazo et al., 2009）。

目前，进行猫的克隆研究主要在于保存一些宠物的遗传特性，保护一些濒临灭绝的动物，同时也作为用来研究一些人类疾病的动物模型。尽管进行猫的克隆研究存在很大的困难，但是已有很多的研究者进行了很多相关的研究。在 2002 年，Shin 等用建立好的颗粒细胞系作为供核细胞进行核移植，获得以颗粒细胞作为供核细胞的 3 个核移植胚胎和 2 个以成纤维细胞为供核细胞的克隆胚胎，然后移入受体动物体内。在妊娠的 66 d，1 只克隆猫诞生了。经过遗传分子分析，这只克隆猫来源于颗粒细胞。由此，世界上第一只体细胞克隆猫诞生了（Manjarin, Dominguez et al., 2009）。

## 1.2.3  体细胞核移植存在的问题

尽管核移植技术在不同动物身上已取得了很大进展，获得了各种不同的克隆动物，并且在许多学科、许多领域都表现出广阔的应用前景。但是，该技术还很不完善，仍然存在许多问题需要解决，这些问题集中表现在以下方面。

### 1）核移植总体效率太低

Wilmut 等（1997）用绵羊乳腺上皮细胞进行核移植得到克隆羊（Dolly）的总效率仅为 0.2%。Wakayama 等（1998）用小鼠卵丘细胞进行核移植获得克隆小鼠，总效率为 2.3%；Wells 等（1999）用奶牛卵泡壁颗粒细胞作为核供体进行核移植，总效率是 2.8%；Polejaeva 等（2000）用来自成年猪的颗粒细胞进行继代核移植，获得克隆动物的效率也只有 1.2%；Keefer 等（2000）用山羊的卵丘/颗粒细胞系作为供核细胞，得到活的后代，其中核移植的效率为 2%~13%。迄今为止，体细胞核移植研究中获得最高效率的是 Kato 等（1998）在牛卵丘细胞核移植研究中获得的，总效率为 13.8%，但在他们后来的研究中核移植总效率也仅为 4.0%。

从以上的文献资料可以看出，体细胞核移植成功获得克隆动物的总效率是很低的，尚需不断研究，进一步提高其总体效率。造成总体效率太低的原因可能与供体核移入受体胞质后的重塑及核的重新编程有关。核质相互作用使供体核发生去甲基化、去乙酰化等多种变化。同时，在核重塑过程中基因不能表达或表达不充分甚至错误表达都可能导致克隆效率的降低。

### 2）克隆个体成活率低

成活率低是当今核移植技术的最大缺陷。它突出表现为孕期流产率高，围产期死亡率高，出生后发病率高和畸形率高。核移植技术环节太多，且在体外操作的时间比较长，每个环节都会对核移植产生直接的影响。如体外培养过程中培养液中的血清成分复杂，其影响也很复杂，不完善的再程序化会造成基因缺失或基因表达异常，其结果导致核移植胚胎核移植后胎盘功能发育不全，引起流产等问题。Renard 等（2002）的研究发现，DNA 甲基化的时间非常重要，与胎盘有关的基因甲基化异常容易导致胎盘功能不完善（Manjarin, Cassar et al., 2009）。另外，新生儿对环境的适应性较差，生活力差，这可能是与核移植的技术环节有关，如去核和电融合过程会对膜和胞质产生机械损害和电损伤，激活时，胞质骨架抑制剂 CCB 也可能对细胞产生化学毒害作用，这些可能都是克隆个体成活率低的原因。

### 3）克隆个体发育异常

核移植技术可以产生健康的后代，但大多数经核移植出生的动物表现出发育异常，如出生动物出生体重过大就是一个严重的问题。核移植后代的出生体重通常比一般动物大，且普遍存在比一般动物发育快的倾向，这些都可能是产后死亡的主要原因（Sendag, Cetin et al., 2008）。Wilson 等（1995）总结了连续 3 年 418 头克隆牛出生体重和生长情况，发现克隆牛犊出生体重大约比正常牛犊大 20%，且变化较大，其变异系数是正常牛犊的 4 ~ 12 倍；到产后 205 d 和 365 d，这些克隆牛的体重又基本与正常牛相似（Yang, He et al., 2007）。胎盘可能是造成核移植动物体格较大的主要原因（Sommer, Collins et al., 2007），而培养基中含有血清或血清含量高，受体动物用过量的孕酮处理，均可使核移植后代的出生体重变大。另外，对胚胎生长起作用的某些印记基因发生修饰，导致基因表达改变，也可以使核移植后代的出生体重变大。

### 4）端粒长度缩短和线粒体问题

端粒重复序列位于哺乳动物染色体末端，对维持染色体的完整性是必需的。正常体细胞在分裂中，端粒序列会一代一代地缩短，从而决定了细胞的寿命。在核移植动物中存在端粒长度缩短的问题。Shiel 等（1999）对来自胚胎细胞、胎儿成纤维细胞的克隆绵羊和来自成体动物乳腺细胞的 Dolly 羊的细胞端粒长度进行了分析，发现核移植动物的端粒长度比年龄相当的对照组短，其中 Dolly 的端粒长度减少程度最大，而与它前体乳腺上皮细胞的端粒长度相当。Dolly 的端粒缩短的原因，最可能的解释是，核移植后代的端粒长度反映了供体的端粒长度。但后来的研究却证实，克隆动物细胞的端粒长度与年龄相当的正常动物的端粒相同，或者说是恢复到正常水平或长于那些年龄相当的正常动物的端粒（Purohit, Dinesh et al., 2006）。而 Xu 和 Yang（2001）以及 Betts 等（2001）分析胎儿成纤维细胞构建的重组胚，发现成纤维细胞在体外传代培养和血清饥饿条件下都会出现端粒变短[107, 129]。

但鉴于动物的端粒分布较广，是否端粒长度能精确地反映核移植动物的实际生理年龄，是否存在一个临界端粒长度（指核移植动物与年龄相当的动物对照比较所达到的临界端粒长度）关系到核移植动物的寿命，仍需进一步研究证实。

由于核移植胚胎的构建，全部或部分地将供核的细胞质带入受体胞质内，包括供体胞质中的线粒体。由于线粒体也含有遗传物质 DNA，在卵母细胞线粒体存在下，这些体细胞的线粒体的命运一直是人们关心的问题。目前，研究证实，随着胚胎的发育，供体线粒体可能有以下三种命运：① 供体细胞线粒体随卵裂的进行而逐渐减少，受体胞质的线粒体一直占主导地位；② 体细胞的线粒体随胚胎发育进程而不断增加，受体胞质的线粒体逐渐减少，最终供体细胞的线粒体占主导地位；③ 供体和受体的线粒体共存（Jackson, Breen et al., 2006）。目前还不知道原本就存在于卵母细胞内的线粒体到底在多大程度上与个体的性质有关。但细胞核的遗传基因与线粒体的遗传基因相互影响，必须引起重视，有可能与核移植总体效率低下有关。

## 1.2.4　哺乳动物核移植研究的应用前景

### 1.2.4.1　在转基因食品、药品上的应用

经过转入有用的外源基因，不仅可以改变动物的抗病能力，同时能够提高动物的生产性能，并且可以生产人类药用蛋白，甚至为人类医学临床提供可用于移植的器官。因此，转基因动物研究是动物生物工程领域最诱人、最具有发展前景的课题。

动物转基因技术是指将修饰过的外源基因导入宿主基因组，引起其性状可遗传改变的技术。转基因技术最早用于研究小鼠基因组，现在已经发展为常规技术，能够实现对小鼠基因组特定位点的各种修饰，包括缺失特定内源基因、在指定位点插入外源基因和定点突变等。但是动物转基因技术很难适用于家畜转基因。因为位点特异性修饰的实现与小鼠的胚胎干细胞（ES）的特性紧密相关，而迄今为止，仅有小鼠、大鼠、人的 ES 细胞系被成功分离建系。ES 细胞在胚胎发育过程中能够分化成包括生殖细胞在内的任何一种细

胞，并且同源重组发生率比体细胞高两个数量级，这些特性是制造转基因小鼠的关键。

家畜转基因技术主要致力于生产优质食物和生物医药产品，加强家畜经济性状，降低放牧对环境的压力等方面，在没有 ES 细胞的情况下，该技术主要依赖于外源基因的随机插入，实现对家畜基因组的修饰。由于缺乏精确性，一直未能实现对家畜基因多样性的研究和家畜基因组的定向修饰。依赖于同源重组的基因打靶技术为家畜转基因提供了一条类似于小鼠 ES 技术的途径。

动物基因组研究的不断进步使得人们识别了越来越多影响家畜生产性状的基因和影响人类健康的基因，增加了运用转基因技术改善动物健康、生产优质食物和生物医药产物，以及降低环境污染的能力和多样性。

### 1）生产抗病家畜

提高对疾病的抵抗力一直是人们改造家畜的目标之一。动物转基因技术为改善动物健康、增加动物繁育能力提供了新策略。

增加动物疾病抵抗力的一个直接方法就是让其表达识别特异病原体的单克隆抗体。研究人员最早在转基因兔子、绵羊和猪中表达小鼠的单抗，结果由于抗体表达异常，且对抗原的结合力弱，该方法未能实现预期目标。提高小鼠乳汁中能够中和病毒感染的单克隆抗体的滴度，能够保护哺乳期的幼崽免受致死病毒的侵害，验证了该思路的可行性。

干扰致病途径某个关键内源基因是另外一种有效途径，并且已经被成功用于制造抵抗致死性的神经系统病变和感染性海绵状脑病的转基因家畜。羊瘙痒病和疯牛病的致病原都是普列昂蛋白的错误折叠形成的积累物。从小鼠的验证性实验推断，使用基因敲除方法突变普列昂蛋白，或者使用 RNA 干扰途径下调其表达，都能够得到抵抗普列昂疾病的转基因家畜。尽管在小鼠的研究中显示，失去正常普列昂活性水平会对动物产生不利影响，包括生理节奏改变。突触功能损伤、学习能力缺陷和神经退行性疾病等；但是有研究表明，这是由于部分删除 prp 蛋白后其邻界的 *prnd* 基因的异位表达所致。绵羊和山羊的研究证明，敲除 *prp* 基因一条等位基因的动物表型正常（Yu et al.，2006）。纯核敲除牛的 *prp* 基因后体外检测结果表明，该牛能够完全抵抗普列昂蛋白的扩增，并且在各个方面都表现正常（Richt et al.，2007）。

乳房炎是家畜产业中经济危害最大的一类疾病，该病由细菌感染动物乳腺引起，通常具有致死性。据统计，奶牛患病有 1/3 是由葡萄球菌感染引起的。由于葡萄球菌是胞内寄生且在治疗过程中容易反复感染，使用传统的抗生素很难控制病情。使用转基因技术使溶葡萄球菌素基因在牛的乳液中高表达，能够有效抵抗葡萄球菌的感染。溶葡萄球菌素是天然存在于类葡萄球菌中的一种肽链内切酶，能够切除合成细胞壁的一个关键蛋白。使用溶葡萄球菌素作为抗菌剂，首先在小鼠身上实验成功。此外，通过在乳汁中高表达溶菌酶和乳铁传递蛋白，也被认为是家畜抵抗乳房炎可以借鉴的有效途径。

### 2）生产利于人类健康的功能食物

牛奶作为一种重要的食物，如果具备抗菌的特性，不仅能够使新生牛获得被动免疫，更重要的是能够提高人的免疫力。溶菌酶是一种天然存在于乳液中具有抗菌能力的蛋白，研究表明其在人乳中的含量比在牛奶中高 3 个数量级。2006 年，研究人员将人源的溶菌酶基因转入山羊的乳腺表达系统，使得羊奶中的溶菌酶表达量接近人的 68%。进一步实验表明，该转基因奶有利于猪的肠道菌群健康（Maga et al., 2006）。由于猪可以作为人的动物模型，暗示了转入溶菌酶基因的羊奶有益于人体肠胃健康。

去除或降低牛奶中的某些天然成分是改善牛奶健康特性的另一个思路。牛奶中的乳糖常常会引起人类肠道紊乱，原因是肠道中的乳糖水解酶含量过低，不能够消化从牛奶中吸收的乳糖（Sahi, 1994）。为降低乳液中的乳糖含量，研究人员利用基因打靶技术，完全敲除乳糖合成酶的一个组成蛋白——$\alpha$-乳白蛋白，在小鼠中首先得到不含乳糖的乳液（Stinnakre et al., 1994）。然而，乳糖能够通过渗透压调节乳汁分泌，完全去除乳糖的成分影响了产奶量。为此，人们使用 RNA 干扰技术，降低 $\alpha$-乳白蛋白的表达量，使其达到既能降低乳糖含量又能维持牛奶中水分的平衡状态。运用转基因技术解决人类乳糖不耐症的另一个成功的办法是在动物乳腺中表达乳糖水解酶。利用水解酶将乳糖水解成能够渗透的葡萄糖和半乳糖，在乳糖含量降低 50%~85% 的情况下，渗透压只有微小的增加。该方法已在小鼠中实现，但是由于物种特异性，在牛奶中还有待验证。

## 1.2.4.2  家畜繁殖育种

传统的育种方案是通过人工筛选具有优良遗传性状的动物，从而实现对动物群体的遗传改良。这种方法获得优良动物品种的周期长，并且很难在短时间内扩大生产。虽然采用现代育种手段，如人工授精、胚胎移植等技术，可缩短动物育种的周期，但是，在繁殖过程中，优良基因组合会发生分离、漂移及突变，使优良性状随种群的扩大而丢失。

将动物克隆技术与转基因技术相结合，应用于繁殖育种中，可以迅速对优良基因进行整合，缩短优良动物品种繁育的周期，提高育种效率。通过SCNT 技术，可以避免基因组合时，优良基因组合发生分离、漂移和变异，大量复制优良动物，快速扩大优良动物种群，加快育种进程，提高育种效率。

### 1.2.4.3  在克隆性治疗上的应用

克隆性治疗（therapeutic cloning）是指从病人的身体取部分体细胞（如皮肤细胞），将它们移入去核的卵母细胞内，供体细胞核在发育程序重编后获得全能性并开始新的胚胎发育，从发育的早期胚胎分离胚胎干细胞，并诱导其定向分化为需要替代的细胞，如分化的心肌细胞替代受损的心脏、分泌胰岛素的细胞替代糖尿病病人的胰腺细胞、多巴胺神经原治疗帕金森氏症等。体细胞核移植技术可以建立病人自身的胚胎干细胞，可望用这些细胞治疗人类的许多疾病，特别是治疗组织病变性疾病。目前，已成功地从人囊胚中分离获得了人胚胎干细胞，并成功建立了人类胚胎干细胞系，这些细胞在体外可以分化成个体发育的各胚层细胞；而且已从小鼠体细胞核移植胚中建立了胚胎干细胞系，这些细胞与其他干细胞一样，不仅可以分化为发育所需的各种细胞，而且当它们被移入去核卵母细胞后，可以指导个体发育。

这些研究证明，可以建立成年动物自身干细胞系，用这些细胞进行自身疾病的细胞治疗，这将成为医学生物工程领域的又一热点。利用人类自身的干细胞系，除可以进行细胞治疗外，还可以使干细胞在体外定向形成各种组织和器官，在体外生产自身的器官，用于器官移植。

### 1.2.4.4  在保护濒危动物中的应用

随着细胞核移植技术的完善，核移植胚胎妊娠率和成活率提高，将在畜牧业生产中展示广阔的应用前景。通过优良个体的复制，能大大提高生产水平，加快动物遗传育种工作的进展。传统的育种方法是优胜劣汰，以选择效应的世代积累实现动物群体的遗传改良，这种方法费时费力，效率低，育成一个品种一般需要几十年时间。动物克隆避免了优良基因组合在有性繁殖中的分离和漂移，把核移植、ES 细胞培养与 MOET 育种等现代生物技术相结合，能迅速提高母畜优良基因及其组合在群体中的频率，扩大优良母畜的遗传贡献，从而加快育种进程，提高育种效率。同时，体细胞核移植也为拯救珍稀濒危动物开辟了一条新的途径。Wells 等利用这一技术成功地克隆了当地一头濒临灭种的土种牛；Loi 等用东方盘羊颗粒细胞移植到去核绵羊卵母细胞中，得到出生的后代。我国的陈大元等用兔卵母细胞获得了种间核移植的大熊猫胚胎，移植到受体熊猫体内后得到早期妊娠。这些结果表明，通过体细胞核移植方法增加濒危动物数量的研究取得了很大的进展。

### 1.2.4.5 在基础学科中的应用

体细胞核移植的成功，证明了成年动物分化终端的体细胞（如肌肉细胞、软骨细胞等）仍具有发育的多能性或全能性；利用体细胞核移植技术可以研究细胞分化过程中核内遗传物质如何进行修饰，分化的细胞如何去分化，发生发育程序重编；研究细胞核质相互作用，更好地研究细胞质的时期对处于不同细胞周期的供体细胞核 DNA 复制和细胞分裂的影响；研究细胞核对细胞质线粒体复制的影响，亲缘关系较远的动物细胞核与细胞质间的相融性、相互作用等。胚胎细胞核移植的研究已证实了核移植技术在研究基因功能上有重要作用，利用基因敲除技术，从胚胎细胞基因组去除某一特定基因，用去除基因的细胞作供体进行核移植，可以更好地研究在胚胎发生和个体发育过程中该基因的各种功能，证明基因的多效性，更进一步研究基因表达调控的机制，建立动物模型等。总之，虽然核移植技术到目前还不是很成熟，而且有关核移植的理论也不是十分清楚，但是核移植技术会不断发展，也会在发育生物学、遗传学、细胞生物学、医学等领域显示其广泛的应用前景。

## 1.2.5 体细胞克隆猪与人类器官移植

把同种的器官和组织移到另一个个体，目前已成为治疗一些严重疾病的常规方法。但是，需要移植的潜在受体数目远远大于供体的数目，尤其是肝脏、心脏等器官，因为要取得这些器官的前提是供体死亡。由于供体的缺乏，每年有 10%的病人死于等待供体器官过程中。在亚洲，供体缺乏更加严重，尽管随着捐献器官的人数增加，供体也在增加，但是远远不能满足器官移植的需要。同时，在很多国家或地区没有"脑死亡"的法律，而且还有各种宗教及风俗习惯的存在。这些实际问题的存在要求人们去寻找一种可替代的途径。随着人们对同种及异种器官排斥反应研究的不断深入和进一步理解，异种移植已经成为解决器官缺乏的最好途径。因此，进行器官移植的有关研究必将成为今后研究的热点。由于，猪的器官在大小等方面与人的器官存在很大的相似性，同时随着最近几年对转基因猪的研究不断深入和发展，转基因的体细胞核移植猪将成为供给进行异种器官移植的最佳动物。转基因克隆猪的研究，可从"源头"上减少甚至消除引起排斥反应的可能性，获得植入人体内的异种器官，修复人体的缺损器官，是短时期内解决全球性移植器官短缺的可行途径。若进行商品化生产后，仅出售供人体移植用的猪器官，就有数十亿美元的潜在市场，如再加上治疗，将具有更大的发展前景。因此，下面就器官移植及转基因猪的研究的有关问题进行介绍。

异种供体一般分为一致性供体和非一致性供体。在相近种系之间的异种器官移植被称为一致性移植，如猩猩-人，如果移植发生在相差较大种系之间，如猪-人则称为非一致性移植。其实，这两种代表了进行器官移植时需要排斥障碍的难易程度。一般一致性器官移植主要解决细胞介导的免疫就能移植成功，使移植后存活的时间延长。相反，在进行非一致性移植时，由于异种抗体的存在，移植的器官在移植后往往立即遭到的损坏且难以预防和治疗。那么，选择进行非一致性移植有何优点呢？如选择猪进行人的器官移植就存在如下优点：往往进行一致性器官移植的供体数量有限，而且存在伦理性问题；而猪的数量充足且饲养方便，具有与人相似的解剖和生理特性。尽管进行异种器官移植存在很大的困难，移植后的排斥反应难以控制，但是只要不断研究，发现有关排斥反应的相关分子及机理，相信在将来一定能够造福于人类。下面，就一些问题进行探讨。

首先，在进行猪的器官移植后会发生超急性排斥。超急性排斥（hyperacute rejection, HAR）反应就是被移植的器官在 5 min 内就会变黑、坏死。其机理是灵长类以下动物的细胞表面含有一种被称为半乳糖的物质。在长期的生命进化中，这种物质在灵长类包括人类中已经消失，但存在于所有猪的细胞表面，这种半乳糖被称为猪器官细胞表面的 G 抗原；G 抗原激活了病人体内的补体系统，最终导致移植物的坏死（Kuhn, Van Santen et al., 2009）。

其次，在进行器官移植后还会发生迟发性异种移植排斥（delayed xenograft rejection, DXR）反应，这种排斥反应是由人的 T 细胞介导的。猪器官表面内皮细胞层上通常含有抗凝蛋白，它可阻止流经器官或其周围的血液凝固，但在猪、灵长类动物模型中已证实，在异种移植后，这些抗凝蛋白迅速消失，导致在器官周围形成血栓，使器官广泛缺氧。另一种 DXR 机理可能是由于在猪内皮细胞中编码黏附分子 VCAM（vascular cell adhesion molecular）的基因上调（up regulation），产生过量的 VCAM，导致炎性反应，吸收各种免疫细胞破坏移植物。因此，要利用猪的器官进行移植就要克服 HAR，这可以通过阻断补体的激活方式达到。人类补体激活受一系列补体激活调节因子（regulators of complement activation，RCA）的负调节，这些因子包括裂解加速因子（decay accelerating factor，DAF）、膜辅助因子蛋白（membrane cofactor protein，MCP）以及 CD59，这几个因子的相关基因均位于 1 号染色体，并且都是膜结合蛋白，具有种间特异性。初步研究发现，这几个负调节因子不论是转染体外培养的猪、小鼠内皮细胞，还是将这几个负调节因子导入实验动物体内，制成转基因动物，都可以不同程度地减轻由补体激活所造成的损害，但很少有完全消除损害的报道。通过对 G 抗原的深入研究，认为 G 抗原的存在，是需要 $\alpha$-1, 3-半乳糖苷转移酶（$\alpha$-1, 3-GT）的作用而合成。在体外建立与培养猪体细胞系，利用基因定向转移（gene targeting）技术，直接并准确地对 $\alpha$-1, 3-GT 基因进行同源重组，使 $\alpha$-1, 3-GT 失活，最后采用动物体细胞核移植克隆技术，生产出没有 $\alpha$-1, 3-GT 的猪，这种克隆猪就可以克服 HAR，达到猪器官的人源化改造。但是，要彻底解决异种器官移植中的排斥反应，要求用于器官移植的猪不仅仅解决 $\alpha$-1, 3-GT 缺陷，而且还要有抗凝蛋白和下调 VCAM，以克服迟发性异种排斥反应（Kang, Wang et al.，2009）。

尽管如此，进行猪的器官移植还存在猪的公共卫生污染问题，即在异种动物器官移植中，随猪器官移植而将猪的病原体移植给人类（xenozoonoses）的可能性。猪内源性逆转录病毒（porcine endogenous retrovirus，PERV）已经在猪体内存在了数百万年，成为猪基因的一部分。这种病毒对猪无害，已有证据表明猪基因组内至少含有 50 个拷贝的 PERV，其遗传特性遵守孟德尔规律。根据 PERV 蛋白酶的类型，PERV 可以分为三种亚型，即 A、B 和 C 型。这种酶蛋白是由 127 个氨基酸残基所组成的，对底物有高度的选择特异性，其病毒学特征与鼠源的淋巴细胞逆转录病毒类似（Urdaneta，Jiménez-Macedo et al.，2004）。这种病毒对猪无害，但如果猪的器官被移植到人体，这种病毒是否依旧对人体无害呢?一些研究表明，人体暴露于猪的细胞时，PERV 不会感染人体细胞。Khazal 等（Urdaneta, Jiménez-Macedo et al., 2004）对 160 例曾接受过活猪不同组织治疗的病人进行 PERV 检查，采用 RT PCR 和免疫杂交的方法对来自病人的血清进行分析，结果表明，160 例无一例出现病毒血症，用 PERV 特异性引物对来自 159 例病人外周血单核细胞 DNA 进行了 PCR 扩增，也没有发现一例 PERV，这无疑增加了人们对从事猪器官用于人体研究的信心。但反对者认为，其他事例表明某些对一个物种无害的反转录酶病毒在被移植到人体后会变成"病毒杀手"。最明显的例子就是艾滋病病毒（HIV），这种病毒在猴体内是无害的，而到了人体内就变得致命。为证明 PERV 的潜在危害性，最近有人将猪胰腺细胞移植给免疫功能受到抑制的实验鼠（NOD SCID）后，PERV 会被激活，使受体动物多种组织受到感染（Tsuji-Takayama, Inoue et al., 2004）。除 PERV 外，Dongwan 等采用 Western-blot 印迹和酶标等方法，发现在人和猪体内存在 E 型肝炎病毒抗体，这种病毒也是一种潜在的异种器官移植的人兽共患病病原（Tecirlioglu, French et al., 2004）。

因此尽管进行转基因克隆的猪可能会阻滞排斥反应的发生，但是，还面临一些其他问题仍然没有解决，如 PERV。因此，既要剔除导致人类排异反应的猪细胞表面的 $\alpha$-1, 3-GT 及其相关的分子，又要确保猪器官异种移植的安全性。这些都是尚待解决的重大课题，需要进一步的研究。

# 1.3　猪精液冷冻保存技术研究进展

家畜精液保存技术是通过降低或抑制精子新陈代谢程度来延长精子在体外的寿命，其原理是在超低温条件下保存精子，可使精子的代谢和活动力基本停止。自 20 世纪 50 年代，牛精液冷冻保存技术经英国的 Smith 等研究获得成功后（Smith and Polge, 1950），人工授精技术进入了一个新的阶段。

在过去的 50 多年里，科研人员已经建立了部分家畜标准的精液冷冻保存方案。对一些家畜品种如牛、猪、马等的精液冷冻保存效果作了全面而细致的探讨（Yaniz, Lopez-Bejar et al., 2002），一些家畜的冷冻精液已经广泛用在育种、生产领域。据报道，牛冻后精子的活率可达 50%，与其他家畜精液相比，牛精液的冷冻保存技术相对比较完善，已得到广泛应用，早在 20 世纪 70 年代就已经建立了标准的冷冻程序。在奶牛上，应用冷冻精液进行人工授精已经成为繁殖生产中的一个常规生产环节。目前，不同动物的精液冷冻研究虽然取得了较快的进展，然而受精率与鲜精相比还有一定差距。在马上，由于品种数量的不断下降，提供优质精液用来冷冻的公马数量十分有限，且由于存在较大的品种间及个体差异，精液冻后效果差异很大，这是马精液冷冻保存中的重要问题（Salamon and Visser, 1974）。猪精子抗冻性也存在较大的个体差异，尤其冷冻效果较差，现有精液冷冻技术不能提供足够的输精剂量，其受胎率和窝产仔数方面的结果均达不到生产要求。

随着精子冷冻储存、运输和人工授精技术的日益成熟，现在羊精液的冷冻也正在走向商业化，但是冻精的使用并不是很快，部分原因是育种规划和育种设计的限制（Santiago-Moreno, Coloma et al., 2009）。欧洲主要依靠育种机构（the warmblood and trakehner）来完成这项技术，近年来美国也在重新修订其育种制度，在 2001 年，世界上最大的两个育种组织即美国的（Quarter Horse Association and American Paint Horse Association）两大育种中心也采用了冷冻精子的人工授精技术（Paulenz, Ådnøy et al., 2007； Stevenson, Higgins et al., 2009）。虽着疾病的控制和深低温保存精子这两项技术的发展，带来了优良品种的引入和跨国界育种优势，但在山羊上这项技术并未得到很好的推广。这是因为每一情期采用冷冻精液进行人工授精，其受精率低于自然交配和鲜精人工配种（Aurini, Whiteside et al., 2009）。据报道，有 14% 的羊射出精子不适合深低温保存（Bodendorf, Willenberg et al., 2010）。在最近的一个关于全世界商业化育种中心的调查数据显示，用冻精采取人工授精的受胎率是 12.5%~65%，不稳定，平均是 45.9%（Buranaamnuay, Tummaruk et al., 2009）。Amarin 等（2004）报道，在北美以外冻精的受胎率是 68.9%，而在北美则仅是 55.6%（Amann, Seidel Jr et al., 1999； Amarin, 2004）。虽然冻精技术从长远来说是有利的，但是如果受胎率没有保证，则该技术可能会受到损失。冷冻精液需要严格的操作规程和专业化的技术人员来完成。冷冻精液技术可以方便操作和延长使用时间，同时也可以作为优质种公畜资源保存的一种手段（Rahman, Ramli et al., 2008）。

## 1.3.1　精液冷冻稀释液组成研究进展

### 1.3.1.1　精液冷冻稀释液的主要成分

为了使冷冻精液中的精子达到最理想的活力，研究检测稀释剂对精子影响的效果是必要的。冷冻精子的稀释液就是适于在液态下保存的物质溶液，包含类脂和磷脂冷冻稀释液，在冷冻保存过程中能够成功地降低精子膜的损伤（Chan, Tredway et al., 1992）。基本要求是能够给精子提供能量，有抗冷冻保护抗剂，有渗透性缓冲液，预防精子冷休克、酶和抗生素等。

精液稀释液的主要作用是优化精子所处环境的渗透压与 pH，为精子提供能量，防止精子细胞内磷脂的流失，并起到防冻剂的作用，同时防止细菌污染，去除高度稀释对精子的负面影响，给精子适应外界环境创造有利条件。所以稀释液不仅是精子冷冻的介质，而且直接影响精子的冷冻成活率（毛凤显，2001）。下面就稀释液中不同成分的作用及其机制予以综述。

首先，糖作为营养物质，提供精子营养和补充精子能量，能直接被精子分解产生能量，因此糖类物质作为精液的稀释剂，在短时间内能被精子较好地吸收利用，因此，人工授精时在精液稀释后立即进行是比较理想的（杨凌，桑润滋等，2004）。另外，糖具有低温保护性能，能够在亲水组织中代替水分子，其羟基与精子膜磷脂的磷酸根结合可置换周围的水分子，从而防止冷冻时由于冰晶形成所造成的损伤。有研究表明，稀释液中添加葡萄糖和柠檬酸钠对精子活力影响较大，因为稀释液中柠檬酸钠可以维持精液的 pH，促进卵黄颗粒分散，从而提高精子运动能力（杨凌，桑润滋等，2004）。

一般而言，甘油是一种渗透性冷冻保护剂，它能渗入细胞内，脱出和结合胞内水分，阻碍冰晶形成，而且甘油还有稀释作用，能降低溶液中盐的解离度和冷冻液的渗透压（王肖克和杨健，2002）。但是，它也存在其固有的缺点，就是甘油对精子有一定的危害，其本身较黏稠，会阻碍精子从阴道向子宫移动，并且分子较大、渗入或渗出细胞的速度比水分子慢，在常温时对细胞毒性也较大，会增加冻后精子的畸形率。所以在实践中，一般应注意甘油浓度合适。有研究发现，甘油添加比例较低时（5%）解冻精子活率低，8% 的甘油解冻精子活率最高，甘油比例较高时（10%）解冻精子活率也不会增加（赵建军，张伟等，2006）。

### 1.3.1.2 精液的稀释方法

目前，精液多采用一步法或两步法稀释。采用两步稀释法时，先用不含甘油的稀释液Ⅰ初步稀释后，冷却到 2~5 ℃，再用已经冷却的同温度的含甘油的稀释液Ⅱ进行第 2 次稀释。稀释精液时，一定要使鲜精和稀释液处于同一温度，这样可以减缓降温对精子造成的影响（陈亚明和赵有璋，2002）。采用一步稀释法时，加入甘油的温度为 30 ℃，此时需要一个冷却-平衡阶段。制备颗粒冻精时，一步法稀释后冷却到 5 ℃ 所需要的最佳时间取决于稀释液中糖的组成及甘油浓度。目前在制备绵羊冻精时常用一步稀释法，一般在冷却到 5 ℃，保持 1.5~2 h 后冷冻（刘兴伟，李静等，2007）。

## 1.3.2 精液冷冻技术研究进展

### 1.3.2.1 冷冻保护剂的研究进展

为了减少冰晶的形成和渗透性应激，通常在冷冻稀释液中添加抗冻剂。抗冻剂根据其性质分为两类：一类是渗透性抗冻剂，如甘油、DMSO、丙二醇等；另一类是非渗透性抗冻剂，如蔗糖、氯化钠溶液和棉子糖等。在大多数哺乳动物的冷冻精液稀释液中，甘油被认为是标准的抗冷冻保护剂被添加，而添加甘油的水平依据冷冻速率而定，在每一水平下，精子在不影响活率的条件下能够耐受一定温度的变化。另外甘油的添加水平也根据不同的动物而不同，马的精液冷冻稀释剂里添加浓度为 2.5%~6%，牛的精液冷冻稀释剂里添加 2.25%~9%，在鸡的冷冻精液中添加甘油的水平为 13%~16%，而在羊的冷冻精液稀释剂里添加甘油的含量为 5%~6%（Wilmut, Salamon et al., 1973; Morton, Evans et al., 2010）。然而，渗透性的冷冻保护剂如甘油对精子细胞是有毒副作用的。甘油能引起膜的不稳定和造成精子活率下降。甘油对精子产生毒害作用是由于高浓度的甘油添加太快或是在精子细胞内流动太快而产生的，同时甘油浓度高会造成精子顶体损伤。对于其他冷冻保护剂也有很多报道，包括二甲基亚砜（DMSO）、乙二醇和酰胺类。根据不同的动物使用不同的冷冻保护剂和添加不同的水平，有时单独添加效果好，有时不同冷冻保护剂按比例复合添加效果更好（Rasul, Ahmed et al., 2007）。

半个世纪以前，发现卵黄作为稀释剂对精子冷冻起保护作用，其成分是组成卵黄的 2/3 的低密度脂蛋白（LDL）（Chan, Tredway et al., 1992）。但卵黄仍是最常用的冷冻基础液的组成成分,同时与卵黄有相同作用的还有牛奶,也被用作冷冻稀释剂。卵黄是精液冷冻保存过程中常用的添加剂,自 1939年 Phillips 第一次发现蛋黄对精液具有保护作用以来（Phillips, 1939）,关于蛋黄的研究源源不断,但关于冷冻过程中蛋黄的确切作用尚不清楚。Watson 认为稀释液中加入一定量的蛋黄,具有调节渗透压、降低精液中电解质浓度、保护精子膜等作用,有利于精子的存活;另外还具有防冷冻和防冷休克的作用（Watson, 1976）。蛋黄有维持精子活力、保护精子顶体和线粒体膜的作用,这些保护性能是由于其脂蛋白浓度较低。但精液中的成分能与蛋黄中的蛋白质发生作用,目前已知的有亚油酸和油酸能与精浆中的蛋白质相互作用（Pérez-Pé, Cebrián-Pérez et al., 2001）。卵黄除具有维持精子活力、保护精子顶体及线粒体膜的作用外,同时还是一种"渗透型缓冲剂",使精子能耐受低渗和高渗（吕瑞凯,胡建宏等,2011）。在冷冻过程中卵黄附着于原生质膜,对维持精子活力、保持顶体和线粒体膜的完整性等方面提供保护作用（黄东晖,赵虎等,2006）。

### 1.3.2.2　冷冻方法研究进展

目前常用的绵羊精液冷冻方法有颗粒精液冷冻法和细管精液法两种。

（1）颗粒法:颗粒冻精是将精液滴在用液氮冷却的金属板上或滴冻在用液氮冷却的铝饭盒、铜纱网及氟板等。颗粒冷冻法的优点是方法简便、设备简单、易于制作、便于推广。但缺点较多,如计量不标准、不易标记、容易被杂菌污染等（赵小娟,2008）。

（2）细管法:细管精液有许多优点,如适于快速冷冻,精液受温均匀,冷冻效果好;剂量标准化、卫生条件好,标记鲜明,精液不易混淆;精子损耗率低,精子复苏率和受胎率高;采用金属输精器,不易折断等。现在已发展为全部自动化灌封,因此,在一些国家细管精液已逐渐取代了颗粒精液（杜立银,曹少先等,2009）。

## 1.3.3　冷冻精液的解冻方法

冷冻精液的解冻虽然较冷冻方法简单、快速,但解冻过程也至关重要。解冻的温度变化与冷冻相反,是由低到高,属升温过程,同样应避免或减少在 $-15 \sim -60 \, ^\circ\mathrm{C}$ 结晶危险温度区,因为此温度范围精子细胞内发生变化而造成对精子的损害。目前多数采用 40 ℃ 快速解冻。冻精的解冻温度、解冻液成分和解冻方法都会直接影响解冻后精子的活率（郑筱峰，姚静等，2012）。

（1）颗粒冻精解冻：目前常用的湿解冻液有 2.9%柠檬酸钠液、Tris-果糖液、维生素 $B_{12}$、胎盘组织液解冻和添加 PGF 等（潘红梅，麻常胜等，2010）。

（2）细管冻精解冻：该方法比颗粒冻精的解冻简单。目前，细管冻精的解冻温度和解冻方法不一致。徐振军等的研究结果表明，从液氮中取出细管精液，迅速投入 39～40 ℃ 水浴中，停留 10～15 s 取出，解冻后活率最高达0.53（徐振军，赵冰等，2011）。

经研究证实，冷冻-解冻后的绵羊精子虽然具有活力，但是其中仍保持生物学完整性的仅有一部分，导致相当高数量精子的超微结构、生化功能受损，造成活力和受精能力下降。尽管受损害的精子能运动，但不一定能受精。冷冻-解冻过程改变了细胞膜的性质，而原生质和顶体膜比核及运动器（中段）对低温更敏感，顶体外膜比内膜更容易受到损伤（陈晓丽，朱化彬等，2010）。Gillan 等研究表明，冷冻可能使绵羊精子膜经受与获能类似的变化。Tasseron等认为绵羊精子顶体在冷冻-解冻过程中所受损伤最为严重，其程度主要表现为顶体的空泡化和膨胀。

## 1.3.4 冷冻保存的质量检测体系研究进展

正确评价保存精液的质量，选择高质量的精液是确保人工授精成功的关键。

在日常生产研究以及实验室研究工作当中，快速、准确、客观地评价冷冻-解冻后精子的功能状态意义重大，既有利于保护良种公畜的遗传资源，建立基因库，又可以减少精子用量和多精受精现象的发生，还可以最大限度地发挥其最佳生产性能，提高畜牧业的经济效益。常用的精子功能检测指标是运动能力、质膜完整性、顶体完整性、线粒体活性、获能率以及与卵结合能力等。检测的方法主要是利用光学显微镜、荧光显微镜、流式细胞计数仪和计算机精子辅助系统等，通过应用常规染料和荧光染料、热耐受能力测试、低渗膨胀测试和精卵结合实验等，分析精子的形态和功能。这些方法是目前实验室及生产中常用的方法。精子评价的指标主要包括精子的核状态、运动能力、形态特征、质膜完整性、顶体完整性、线粒体活性、获能以及与卵子的结合能力等。评定精液质量的常规指标主要有射精量、精子密度、色泽、精子运动能力以及精子形态等。目前精子评价的方法主要是借助光学显微镜、荧光显微镜以及流式细胞仪（flow cytometry）等仪器，利用常规染色或荧光染色技术以及精-卵结合的受精能力分析等检测精子的功能状态（Hammadeh，Askari et al., 1999）。但是，任何一个单个精子参数都不足以预言精子真实的受精能力，必须将这些参数联合起来，综合评价精子的受精能力。

### 1.3.4.1  精子的运动能力

通常精子的运动能力用精子活力来评价，它是直线运动精子数与精子总数的比例。S. R. Payne 等研究认为，活力的评定易受主观因素影响，因此活力对于精子潜在受精能力的评估并不是一个可靠的指标。精子的运动性与受精能力存在相关性，因此正确分析精子的运动能力仍具有重要的意义（王峰，刘锋等，2012）。

### 1.3.4.2  质膜完整性

精子质膜完整性是精子能够新陈代谢，完成获能、顶体反应以及与透明带（ZP）结合并穿过 ZP 的基础。因此，精子质膜功能是否完整是区分精子死活的一个重要特征。目前检测精子质膜的方法主要有 3 种：低渗肿胀试验法、常规染色法和荧光探针染色法（徐振军，赵冰等，2011）。

#### 1）精子低渗肿胀试验法

精子低渗肿胀试验（hypoosmotic swelling test，HOST）是体外衡量精子膜的功能及完整性的一种常用的检测方法（包华琼，蔡敏等，2008）。精子在低渗溶液中体积增大而膨胀，这是活精子膜功能正常的标志；而膜功能不健全（包括死精子）的精子表现为不膨胀。因此，通过精子低渗肿胀率的高低可以间接反映精子膜结构的完整性和功能的好坏。

HOST 方法简单、迅速，对检验质膜的完整性非常实用，为此常用于人、狗、牛、羊、猪、小鼠和马等动物精子质膜完整性的检测。

#### 2）常规染色法

由于活精子的质膜是完整的，所以不易被台盼蓝（trypan blue）、碘化丙啶（propidium iodide，PI）等染料染色。用这些染料来孵育精子，可以使死精子着色，而活精子不着色或只吸收少量的染料。所以，目前常用荧光染料对冷冻精液进行染色，通过荧光显微镜或流式细胞计数仪来分析精子质膜的完整性。

### 3）荧光探针染色法

检测精子质膜完整性的荧光探针主要包括死精子特异性和活精子特异性的荧光探针。一般结合使用这两种类型的染料来同时鉴定死精子和活精子。① 死精子特异性荧光染料作用的原理是当精子质膜具有完整的功能时，染料不能进入精子内部，精子不能发出荧光；当精子的质膜受损时，染料才能进入精子内部，与 DNA 结合发出荧光。死精子特异性荧光染料有碘化丙啶（PI）、Hoechst 33258、溴化乙啶（ethidium bromide，EB）、溴乙啡啶二聚体（ethidium homodimer-1，EthD-1）和 Yo-Pro-1 等，其中 PI 最为常用。② 活精子特异性荧光染料有 Hoechst 33342、SYBR-14、羧基荧光素双醋酸盐（carboxy fluorescein diacetate，CFDA）、羧基二甲基荧光素双醋酸盐（carboxy dimethyl fluorescein diacetate，CMF-DA）、Carboxy-SNARF-1 和 SYTO-17 等。自修云等认为，在精子活力检测的所有方法中，SYBR-14 与 PI 的联合使用效果最佳。

## 1.3.4.3 顶体完整性

顶体反应是精子完成受精的前提条件，而顶体的完整是保证顶体反应的必要条件。目前，用于检测精子顶体状态的方法主要是荧光染色法，即利用顶体素与花生凝集素（PNA）、豌豆凝集素（PSA）结合的特性，用异硫氰酸荧光素（FITC）标记凝集素，来检测精子的顶体完整性（张益，陈莹等，2011）。

## 1.3.4.4 线粒体活性

线粒体的主要功能是为精子的运动提供能量，因此通过检测精子的线粒体活性可用来预测精子的运动能力（刘宏，王刚第等，2010）。目前，一般采用荧光染色法来检测精子的线粒体活性，常用的荧光染色法有 JC-1 染色法、Rho-damine 123 染色法和 DiOC6（3）/PI 双染色法。目前认为 JC-1 是检测精子线粒体功能最适合的探针。

## 1.3.4.5 精子获能状况检测

精子获能的荧光染料是金霉素。金霉素法（the chlortetracycline assay，

CTC）的原理是根据获能过程中有 $Ca^{2+}$ 流的特点（Rota, Pera et al., 1999）。CTC 能够进入细胞内包含高水平 $Ca^{2+}$ 的区间，能与 $Ca^{2+}$ 结合。CTC- $Ca^{2+}$ 复合物与细胞膜内的疏水区结合，荧光显微镜下激发黄绿色荧光，能够说明获能过程中精子各时期 $Ca^{2+}$ 短暂的变化和分布规律。精子 CTC 染色类型主要有 3 种：F 型、B 型和 AR 型。CTC 不但可以检测精子获能的比例，还可以检测精子顶体反应的比例。目前 CTC 已经实际用于人、猴、小鼠、山羊、马、猪、牛等许多动物精子的获能比例检测。

# 2  猪卵母细胞的体外成熟培养

卵母细胞体外成熟（IVM）是指在体外人工给定的条件下，哺乳动物次级卵母细胞经过一系列的生长发育，最终形成有受精能力的成熟卵母细胞的过程。卵母细胞的体外成熟包括细胞核成熟和细胞质成熟两方面。在卵母细胞的全面成熟过程中，有很多化学物质参与反应，并相互作用，发生一系列非常复杂的生化事件。因此，卵母细胞的体外成熟只有具备与体内卵母细胞非常接近的生活环境，才能获得较高的成熟率。

猪卵母细胞的体外成熟是一项非常重要的技术，随着猪胚胎生物技术、转基因、克隆等的发展，卵母细胞的需求越来越大，然而用超数排卵技术从猪身上获取体内成熟的卵母细胞或胚胎是非常有限的。直接从屠宰猪的卵巢取得未成熟的卵母细胞，经体外成熟培养，可大大降低卵母细胞的生产成本。猪卵母细胞体外成熟的研究，在生产上，可以加速优良种猪繁育，挖掘优良种猪的繁殖潜力，为胚胎生物技术提供新的手段和丰富资料；在理论上，有助于揭开"生命启动"之谜，为发育生物学提供理论依据。卵母细胞的体外培养和成熟是生殖工程的重要研究内容之一，不仅有利于揭示卵子发育的本质机理，而且有助于开辟形成大量早期胚胎所需的卵母细胞来源，以满足胚胎工程研究及生产性胚胎移植的需要。

卵母细胞体外成熟、孤雌激活、体外受精和体细胞核移植等胚胎体外生产技术，已被世界各国实验室所采用。

## 2.1  不同方法对猪卵母细胞体外成熟的影响

卵母细胞是胚胎工程技术研究中最为重要的一种实验材料，随着胚胎工程技术的迅速发展，对卵母细胞的需求量也越来越大。早期研究中，人们主要通过超数排卵技术采用体内成熟的卵母细胞，但获得的体内成熟卵母细胞数量少，而且所需费用较高。哺乳动物卵巢上有大量卵母细胞，研究和建立卵母细胞体外成熟培养方法，可以充分利用屠宰动物的卵巢资源，为体外胚胎生产和核移植研究提供大量卵母细胞。经过许多学者的深入研究，已经可以获得牛（范必勤，1985）、绵羊（旭日干，1989）、猪（冯怀亮，1991）、山羊（刘灵，1992）等各种动物的体外成熟卵母细胞，并且经过进一步研究，体外成熟卵母细胞可以代替体内成熟卵母细胞应用于胚胎工程技术的各个领域。意大利科学家 Mattioli 等（Mattioli, Galeati et al., 2005）就进行了猪卵母细胞的体外成熟培养研究。尽管经过多年的发展，猪卵母细胞的体外成熟培养（IVM）系统得到了较大的改进和提高，但研究发现还存在卵裂率低，发育易阻滞等缺陷。

本实验对不同激素添加时间、不同基础成熟培养液、有无血清添加等因素对猪卵母细胞体外成熟的影响进行研究，以获得更多数量和更优质的猪卵母细胞，用于 IVF 和核移植研究。

# 2.1.1 材料与方法

## 2.1.1.1 试剂与用品

本研究中所用试剂除特别指明外，均购自 Sigma 公司。TCM199 粉剂及 TCM199 原液购自 Gibco 公司；FBS 购自 Hyclone 公司；PMSG、hCG 和 FSH 购自宁波激素制品厂；猪卵泡液（pFF）用常规血清制备法自制；洗卵液为添加 10% NBS 的 PBS（–）（自配）。

## 2.1.1.2 仪器设备

空气层流过滤室：按医学标准由吴江市新型净化设备厂建；

超净工作台：苏州市医用净化设备厂；

$CO_2$ 培养箱：ThermoForma 3111 型；

数码相机：Nikon 995 型；

电子天平：METTLER TOLEDO AG135 型；

荧光相差倒置显微镜：Leica DMIRB 型；

倒置显微镜：重庆光学仪器厂 COIC 型；

实体显微镜：OLYMPUS 305047 型；

恒温加热台：Leica HI 1220 型；

低温高速离心机：ANNITA PM180R 型；

普通离心机：上海手术器械厂 80-2 型；

架盘药物天平：上海第二天平仪器厂 HC-TP11-1 型；

恒温磁力搅拌器：常州国华电器有限公司 85-1 型；

透明式冰柜：Haier SC-276 型；

冷藏箱：宁波江南仪器厂 SPX 型；

超低温冰箱：SIM DF8517 型；

液氮罐：豫新机械有限公司低温仪器厂 YOS-60-210 型；

四孔细胞培养板：瑞士（NUNC）；

眼科手术器械、滤器、移液枪、玻璃培养皿、离心管、注射器、检卵皿、血细胞计数板、吸胚管（自制）、口吸管（自制）及剥离针（自制）等。

### 2.1.1.3　猪卵巢的采集及运输

猪卵巢采集于某屠宰场，采集卵巢个体的年龄、遗传背景、妊娠与否不详。采集卵巢置于 30～39 ℃加双抗的生理盐水中，于 4 h 内运回实验室。

### 2.1.1.4　卵母细胞的采集与体外成熟培养

用抽吸法采集卵巢卵母细胞。去除卵巢上附着的输卵管等组织，用加双抗的生理盐水清洗 3 次后,用带有 12# 针头的 10 mL 注射器抽吸卵巢表面 2～8 mm 卵泡的卵泡液，在体视显微镜下检出卵母细胞。检卵时按卵丘细胞多少及胞质明暗分为 3 类：A 类卵母细胞含有 5 层以上卵丘细胞，胞质均匀较暗[图 2.1（a）]；B 类卵母细胞包有 1～4 层卵丘细胞[图 2.1（b）]；C 类为胞质不均或只有少许卵丘细胞的畸形卵、裸卵和半裸卵[图 2.1（c）]。

选择 A、B 类卵母细胞，用洗卵液和成熟培养液分别清洗 3 次后进行体外成熟培养。培养条件为 39 ℃、5% $CO_2$ 和饱和湿度。培养 44 h 后用 0.3% 透明质酸酶（无 $Ca^{2+}$、$Mg^{2+}$ 的 PBS 液配制）于 37 ℃ 消化 3～5 min，辅以适当口径玻璃管反复吹打，去除卵丘细胞，判定成熟情况。卵母细胞成熟以排出第一极体为标准，并结合成熟卵形态学进行评价。

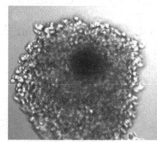 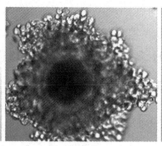 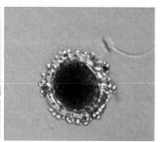

（a）超过层颗粒细胞　　　（b）1-4 层颗粒细胞　　　（c）很少或没有颗粒细胞
　围绕的卵母细胞　　　　　围绕的卵母细胞　　　　　　围绕的卵母细胞

**图 2.1　不同等级的卵母细胞（x100）**

### 2.1.1.5　实验设计

实验 1：本实验目的是对报道中培养液添加外源激素的添加时间对猪卵母细胞体外成熟的影响进行比较，以确定最佳外源激素添加时间。实验分 3 组进行猪卵母细胞体外成熟培养：

A 组：TCM199 粉剂 + 10% Fetal Bovine Serum（FBS）+ 10 IU·mL$^{-1}$ Pregnant Mare Serum Gonadotrophin（PMSG）+ 10 IU·mL$^{-1}$ Human Chorion Gonadotrophin （hCG）+ 2.5 IU·mL$^{-1}$ Follicle Stimulate Hormone（FSH）培养 44 h；

B 组：TCM199 粉剂 + 10% Fetal Bovine Serum（FBS）+ 10 IU·mL$^{-1}$ Pregnant Mare Serum Gonadotrophin（PMSG）+ 10 IU·mL$^{-1}$ Human Chorion Gonadotrophin（hCG）+ 2.5 IU·mL$^{-1}$ Follicle Stimulate Hormone（FSH）培养 20～22 h 换液，然后转入无激素培养液中继续培养 22～24 h；

C 组：TCM199 粉剂 + 10% FBS 中先培养 20～22 h，然后转入 M199 + 10% FBS + 10 IU·mL$^{-1}$ PMSG + 10 IU·mL$^{-1}$ hCG + 2.5 IU·mL$^{-1}$ FSH 中继续培养 22～24 h。

实验 2：以实验 1 中 A 组外源激素添加时间比较 TCM199 粉剂、TCM199 原液与改良 TCM1999 粉剂（添加 0.1% PVA、0.57 mol·L$^{-1}$ 半胱氨酸、3.05 mmol·L$^{-1}$ 葡萄糖和 0.91 mmol·L$^{-1}$ 丙酮酸钠）对猪卵母细胞体外成熟的影响。

实验 3：在实验 1、2 的结果上，比较添加血清与否对猪卵母细胞体外成熟的影响。

实验中 2 组成分分别为 A 组改良 TCM199 + 10 IU·mL$^{-1}$ PMSG + 10 IU·mL$^{-1}$ hCG + 2.5 IU·mL$^{-1}$ FSH；B 组为 A 组 + 10%FBS。

### 2.1.1.6　数据处理

以 $t$ 检验对结果进行差异显著性分析。

## 2.1.2　结　果

### 2.1.2.1　外源激素添加不同时间对猪卵母细胞成熟的影响

选择 A 类[图 2.1（a）]和 B 类[图 2.1（b）]卵母细胞进行成熟培养，以排出第一极体为成熟标准[图 2.1（a）]，以下类同。以实验 1 中 3 中不同时间段添加激素对猪卵母细胞进行培养，3 组差异不显著（$P>0.05$），结果见表 2.1。

表 2.1　外源激素不同添加时间对猪卵母细胞成熟的影响

| 成熟培养方法组别 | 培养卵数 | 成熟卵数 | 成熟率/% |
| --- | --- | --- | --- |
| A | 178 | 82 | 46.07 [a] |
| B | 173 | 79 | 45.67 [a] |
| C | 170 | 77 | 45.29 [a] |

注：同列上标字母相同表示无显著性差异。

### 2.1.2.2　不同成熟基础液对猪卵母细胞成熟的影响

以实验 2 分组对猪卵母细胞进行成熟培养，3 组差异不显著（$P>0.05$），结果见表 2.2。

表 2.2　TCM199 粉剂、TCM 199 原液与改良 TCM199 对猪卵母细胞成熟的影响

| 成熟液组别 | 培养卵数 | 成熟卵数 | 成熟率/% |
| --- | --- | --- | --- |
| TCM 199 粉剂 | 156 | 72 | 46.16 [a] |
| TCM 199 原液 | 140 | 66 | 47.14 [a] |
| 改良 TCM199 | 122 | 66 | 54.10 [a] |

注：a and b，$P>0.05$

改良 TCM1999：添加 0.1 % PVA、0.57 mol·L$^{-1}$ 半胱氨酸、3.05 mmol·L$^{-1}$ 葡萄糖和 0.91 mmol·L$^{-1}$ 丙酮酸钠。

### 2.1.2.3　添加血清对猪卵母细胞成熟的影响

以实验 3 中分组对是否添加血清对猪卵母细胞的成熟影响进行比较，2 组差异显著（$P<0.05$），结果见表 2.3。

表 2.3　血清对猪卵母细胞成熟的影响

| 成熟液组别 | 培养卵数 | 成熟卵数 | 成熟率/ % |
| --- | --- | --- | --- |
| 无血清组 Serum（－） | 155 | 104 | 67.1 [a] |
| 血清组 Serum（＋） | 157 | 82 | 52.22 [b] |

注：a and b，$P<0.05$。

两组成熟卵母细胞在显微镜下直接观察，有血清组卵丘细胞扩散较好 [图 2.2（b）]，无血清组卵丘细胞扩散较差（图 2.3），但去卵丘细胞后在形态上两组成熟卵母细胞无明显差异。

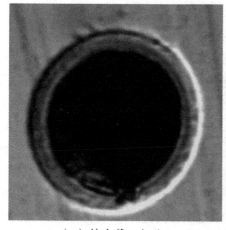 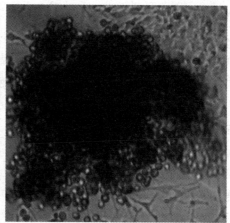

（a）排出第一极体　　　　　　（b）颗粒细胞充分扩散

图 2.2　成熟卵母细胞（×100）

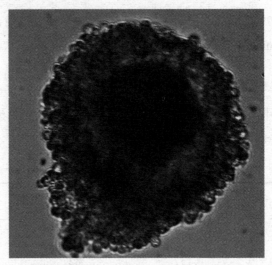

图 2.3　成熟卵母细胞，颗粒细胞未充分扩散（×100）

## 2.1.3　讨　论

### 2.1.3.1　外源激素添加不同时间对猪卵母细胞成熟的影响

　　猪卵母细胞体外成熟培养液目前有很多，大多数研究者认为，在卵母细胞的体外成熟培养中添加促性腺激素或类固醇激素或两者的混合物有利于卵母细胞在体外的成熟，但是实验所得的结论不尽相同。秦鹏春等（秦鹏春，谭景和等，1995）认为 FSH 和 LH 对猪卵母细胞的体内成熟和排卵起主要作用，但 eCG 和 hCG 对促进卵母细胞的体外成熟更为有效。Funahashi 等（Funahashi and Day，1993）认为 eCG 和 hCG 配合使用可促进猪卵母细胞的减数分裂和细胞质成熟。Funahashi 等（Funahashi, Cantley et al., 1994））的研究表明，在猪卵母细胞体外成熟时，培养的前 20 h 加入 PMSG、hCG 和 E2，培养 20 h 后去掉激素，可增加卵母细胞体外成熟率，促进卵母细胞的减数分裂和细胞质成熟。Delos 等（Scolapio, Camilleri et al., 1997）的研究也发现，在猪卵母细胞体外培养的第 2 阶段去掉激素，可以提高卵母细胞的体外成熟率。蔡令波等（蔡令波，王锋，2002）研究发现前 24 h 添加或 48 h 连续添加激素培养，其成熟率显著高于前 24 h 不添加激素的成熟率。

　　但在本实验中，前 22 h 添加或不添加激素和连续添加激素培养 44 h，其成熟率无显著差异。这可能与激素添加方案及成熟培养的时间有关，而且有可能对其后续的受精、受精卵及重构胚的发育都有很大的影响。因为在不同时间段添加激素会影响卵母细胞质的成熟或使得胞质与核成熟不同步等。因此在这方面的影响有待进一步实验的证明。

## 2.1.3.2　不同成熟基础液对猪卵母细胞成熟的影响

实验结果显示，TCM199 粉剂组、TCM199 原液组的卵母细胞成熟率无显著差异，说明完全可以用 TCM199 粉剂代替 TCM199 原液，可节省费用。但是，mM199 组较 TCM199 粉剂组和 TCM199 原液组的卵母细胞成熟率高。其差别在于 mM199 添加了 PVA、葡萄糖、丙酮酸钠和半胱氨酸（Cys）。PVA是一种大分子物质，不参加卵母细胞成熟中的代谢过程，葡萄糖和丙酮酸钠是能量底物，因此认为 mM199 使猪卵母细胞成熟率增高的原因可能在于Cys。事实上，卵母细胞培养过程中胞内产生的反应氧（reactive oxygen species，ROS）对卵母细胞的发育能力有影响，ROS 在细胞内的水平由谷胱甘肽（GSH）等物质中介的代谢过程控制。Wang 等（Wang, Abeydeera et al., 1997）将猪卵母细胞内的谷胱甘肽含量作为卵母细胞成熟的标志之一。Meister 等（Meister, 1983）研究认为，GSH 是细胞内的主要自由巯基，具有保护细胞、抗氧化的作用。参与合成 GSH 的物质包括谷氨酸（glutamine）和半胱氨酸（cysteine）等，但猪卵母细胞内 GSH 的合成仅依赖于培养液中是否提供半胱氨酸。同时，Meister 研究也发现，猪卵母细胞成熟液中加入半胱氨酸可以促进受精作用、受精后雄原核的形成以及胚胎的发育能力。Abeydeera 等（Abeydeera, Wang et al., 2000）研究发现，在猪卵母细胞成熟液中加入半胱氨酸和 $\beta$-巯基乙醇能提高成熟卵母细胞内 GSH 的水平和囊胚发育率。总之，这主要是由于这些物质中巯基可以清除卵母细胞内的氧自由基。同时，Tatemoto 等（Tatemoto, Sakurai et al., 2000）研究发现，保护线粒体能对卵母细胞体外成熟起到重要的作用，而要保护线粒体，主要是添加抗氧化剂如谷胱甘肽（GSH）。总之，这主要是由于半胱氨酸的添加有利于谷胱甘肽的生成，可以清除卵母细胞内的氧自由基。因此，本实验中用 mM199进行成熟培养取得较好效果，可能与 Cys 有关。

以前研究大都用 TCM199 为基础液，使得卵母细胞成熟率不高或后续发育不好，而本实验研究发现用 mM199 作为基础液有利于猪卵母细胞的体外成熟。

### 2.1.3.3 添加血清对猪卵母细胞成熟的影响

在相同培养条件下，本实验研究发现，无血清组用于猪卵母细胞成熟培养成熟率显著高于含血清组。血清是一个复杂的系统，包括生长因子、激素以及其他一些还未确定的物质,有研究表明血清中仅转录因子就有 9 种之多。血清成分的多样性，决定了它对培养对象影响的复杂性。孙兴参等（孙兴参，岳奎忠，2002）认为卵丘扩展良好与扩展不好的猪卵母细胞的成熟率无显著差异。有学者认为卵丘细胞扩散程度与卵母细胞的成熟无相关性，本实验结果支持这一观点。因为在 mM199 无血清组中卵丘细胞扩展不好，但其成熟率与卵丘细胞扩展好的有血清组差异显著。卵丘细胞的扩展是促卵丘扩展因子（cumulus expansion enabling factor, CEEF）作用的结果，猪卵母细胞和卵泡成分产生的 CEEF 的促卵丘细胞扩展作用依赖于促性腺激素（孙兴参，岳奎忠等，2002）。Wright 等（Wright, Hovatta et al., 1999）研究发现，在添加血清和血清替代物后，大多数原始卵泡都能启动生长。但在 5 d 后添加血清组卵泡直径增加不明显，而添加血清替代物组则继续生长，到第 10 d 明显大于添加血清组卵泡直径；添加血清组卵泡闭锁较血清替代物高。而且有学者提出，血清中含有一些未知成分，存在交叉感染的危险（Avery, Birthe et al., 2003）。

因此，以 mM199 为基础液不添加血清不仅可以避免血清中某些未知成分的不良影响，而且可以作为合适的猪卵母细胞体外成熟培养液。

## 2.1.4 小 结

结果表明,实验 1 中 3 种激素添加不同时间段，其成熟率分别为 45.67%、45.29%和 46.07%，对猪卵母细胞体外成熟无显著影响；实验 2 中 mM199 组的成熟率（54.10%）高于 TCM199 粉剂组的成熟率（46.16%）及 TC M199 原液组的成熟率（47.14%），但差异不显著；实验 3 中无血清组的成熟率（67.10%）高于有血清组的成熟率（52.22%），差异显著。

由此表明，$mM199 + 10\ IU \cdot mL^{-1}\ PMSG + 10\ IU \cdot mL^{-1}\ hCG + 2.5\ IU \cdot mL^{-1}$ FSH 是一种适合于猪卵母细胞体外成熟的培养液，体外成熟率达 67.10%。

## 2.2 ITS 对猪卵母细胞体外成熟及胚胎发育的影响

卵母细胞是胚胎工程技术研究中最为重要的一种实验材料，随着胚胎工程技术的发展，对于卵母细胞的需求量也越来越大。早期研究中，人们主要通过超数排卵技术采用体内成熟的卵母细胞，但获得的体内成熟卵母细胞数量少，而且所需费用较高。哺乳动物卵巢上有大量卵母细胞，研究和建立卵母细胞体外成熟培养方法，可以充分利用屠宰动物的卵巢资源，为体外胚胎生产和核移植研究提供大量卵母细胞。尽管研究发现，体外成熟卵母细胞可以代替体内成熟卵母细胞，应用于胚胎工程技术的各个领域。但是，体外成熟培养过程中，卵母细胞的核与胞质会发生很大的改变，与体内的卵母细胞存在比较大的差别，会影响后续的发育（Lonergan, Rizos et al., 2003）。因此，优化体外的卵母细胞成熟体系，尽可能接近体内卵母细胞成熟的状态，获得优质的核与胞质成熟的同步性是体外卵母细胞成熟的关键，也是后续工作的基础之一。

影响体外成熟培养卵母细胞质量的因素很多，如添加的激素类型、抗氧化试剂的添加等都对卵母细胞产生影响，尤其是核与胞质的成熟。已有研究报道发现，在不同阶段猪卵母细胞体外成熟对于激素的需求不同，在成熟过程的不同阶段核与胞质成熟需要的激素也不一样 （Funahashi, Cantley et al., 1994; Shimada, Nishibori et al., 2003; Kawashima, Okazaki et al., 2008）。同时，也有研究证实，成熟过程中产生的活性氧（reactive oxygen species, ROS）会影响猪卵母细胞的成熟，因为会对卵母细胞造成损伤（Favetta, St John et al., 2007）。同时 Lee 等研究发现，胰岛素-转铁蛋白-硒（insulin-transferrin-selenium，ITS）三因子能够促进卵母细胞对糖、氨基酸和矿物质等的吸收，而且同时能够减少 ROS 的产生，从而提高卵母细胞的体外成熟率和后续胚胎的发育率（Lee, Kang et al., 2005）。硒和转铁蛋白能够有效参与卵母细胞内部的抗氧化反应，降低胞内的 ROS 水平，尤其是保持胞内谷氨酰胺的抗氧化效应（Cerri, Rutigliano et al., 2009）。因此，在卵母细胞成熟中添加 ITS，对于卵母细胞能够起到有利的作用。也有研究报道发现，在小鼠（De La Fuente, O'Brien et al., 1999），山羊（Herrick, Behboodi et al., 2004）和猪（Jeong, Hossein et al., 2008）的卵母细胞成熟中用到 ITS。但是，有关 ITS 对于猪卵母细胞体外成熟的核与胞质的影响的研究还未见报道。为此，本研究主要集中于 ITS 有无对于卵母细胞核与胞质成熟的影响，从而获得比较稳定、有效的猪卵母细胞体外成熟体系，为后续的研究工作奠定坚实的基础 。

## 2.2.1　材料和方法

### 2.2.1.1　试剂与用品

#### 1）主要试剂与溶液

本研究中所用试剂除特别指明外，均购自 Sigma 公司。TCM199 粉剂及 TCM199 原液购自 Gibco 公司；fetal bovine serum（FBS）购自 Hyclone 公司；pregnant mare serum gonadotrophin（PMSG）、human chorionic gonadotropin（hCG）和 follicle stimulate hor-mone（FSH）购自宁波激素制品厂。猪胚胎培养液 PZM-3（100 mL medium: 0.631 g NaCl、0.211 g $NaHCO_3$、0.075 g KCl、0.005 g $KH_2PO_4$、0.010 $MgSO_4 \cdot 7H_2O$、0.062 g Ca-lactate $\cdot 5H_2O$、0.002 g Na-pyruvate、0.015 g L-glutamine、0.055 g Hypotaurine、2 mL BME amino acid solution、1 mL MEM non-essential amino acid solution、300 mg BSA），参照已有研究报道（Okada, Krylov et al., 2006）配置。

#### 2）主要仪器设备

$CO_2$ 培养箱：ThermoForma　3111 型；

数码相机：Nikon　995 型；

电子天平：METTLER TOLEDO　AG135 型；

荧光相差倒置显微镜（附带电子成像软件系统）：Leica　DMIRB 型；

倒置显微镜：Nikon；

实体显微镜：OLYMPUS　305047 型；

低温高速离心机：Beckman coulter JZ-HC；

普通离心机：Fisher scientific Marathon 3200；

天平：　Mettler toledo PB602-S；

恒温磁力搅拌器：Corning PC-35-3。

### 2.2.1.2　猪卵巢的采集及运输

猪卵巢采集于某屠宰场，采集卵巢个体的年龄、遗传背景、妊娠与否不详。采集卵巢置于 35～39 ℃ 加双抗的生理盐水中，于 4 h 内运回实验室。

## 2.2.1.3 卵母细胞的采集与体外成熟培养

用抽吸法采集卵巢卵母细胞。去除卵巢上附着的输卵管等组织，用加双抗的生理盐水清洗 3 次后，用带有 12# 针头的 10 mL 注射器抽吸卵巢表面 2～8 mm 卵泡的卵泡液，在体视显微镜下检出卵母细胞，检卵时按卵丘细胞多少及胞质明暗分为 3 类（标准及图见 2.1 节）。选择 A、B 类卵母细胞，用洗卵液和成熟培养液分别清洗 3 次后进行体外成熟培养。培养条件为 38.5 ℃、5% $CO_2$ 和饱和湿度。培养 44 h 后用 0.3% 透明质酸酶（无 $Ca^{2+}$、$Mg^{2+}$ 的 PBS 液配制）于 37 ℃ 消化 3～5 min，辅以适当口径玻璃管反复吹打，去除卵丘细胞，判定成熟情况。卵母细胞成熟的标准是排出第一极体，并结合成熟卵的形态进行评价。

## 2.2.1.4 卵母细胞孤雌激活及胚胎培养

猪卵母细胞孤雌激活方法如下：经 42 h 成熟培养后，去除颗粒细胞，用电激活方法激活卵母细胞（其电激活参数为：1 次直流电 2.0 kV·$cm^{-1}$，时程为 30 ms），激活后在 2 mmol·$L^{-1}$ 6-DMAP（6-DMAP, Sigma, St. Louis, MO）中培养 3 h，放入胚胎培养液 PZM-3 中，在 38.5 ℃、5% $CO_2$ 条件下继续培养，以激活当天为 0 d，在第 7 d 观察胚胎发育情况，统计囊胚率等指标。

## 2.2.1.5 皮质颗粒免疫荧光染色

在体外成熟培养 42 h 后，用透明质酸消化去掉颗粒细胞后，用 PBS 洗 2 次，用 3.7% 的甲醛固定 3 min，然后用 PBS 洗 3 次，接着用 0.1% 的 Triton X-100 处理 5 min，然后用 100 g·$mL^{-1}$ LCA-FITC（fluorescent lens culinaris agglutinin-fluorescein complex）染色 30 min。最后，卵母细胞在载玻片上压片观察，照相。选择在波长为 488 nm 的荧光显微镜下观察，按照已有的研究报道（Hosoe and Shioya, 1997），将胞质染色的情况分成：Ⅰ类，Ⅱ类和Ⅲ类。

## 2.2.1.6 实验设计

设计 4 组不同阶段进行激素添加，研究不同阶段激素添加与否对于猪卵母细胞体外成熟的影响。

处理 A（对照组）：卵母细胞在无激素的溶液 A（改良 M199 + 10 ng · mL$^{-1}$ EGF）中培养 42 h。

处理 B：卵母细胞在有激素的溶液 B（改良 M199 + 10 ng · mL$^{-1}$ EGF + 10 IU · mL$^{-1}$ PMSG + 10 IU · mL$^{-1}$ hCG + 2.5 IU · mL$^{-1}$ FSH）中培养 42 h。

处理 C：卵母细胞先在溶液 B 中培养 21 h，然后转入溶液 A 中继续培养 21 h。

处理 D：卵母细胞先在溶液 A 中培养 21 h，然后转入溶液 B 中继续培养 21 h。

改良 M199（modified M199, mM199）是在 M199 中添加 0.1% PVA（polyvinyl alcohol）、0.57 mmol · L$^{-1}$ 半胱氨酸（cysteine）、3.05 mmol · L$^{-1}$ 葡萄糖、0.91 mmol · L$^{-1}$ 丙酮酸钠。

为研究 ITS 对于猪卵母细胞成熟的影响，在溶液 B 中添加 1% 的 ITS 与不添加对照，培养 42 h。然后，通过胞质皮质颗粒分布（cortical granules, CGs）的情况，评估卵母细胞的成熟，并根据已有的报道，将卵母细胞分成三类（Hosoe and Shioya, 1997）。然后，对于 ITS 添加与否，其排出第一极体且胞质皮质颗粒分布属于 II 类的卵母细胞比例进行对比性研究。

为研究在胚胎培养液中添加 ITS 对于后续胚胎发育的影响，在 PZM-3（含 0.3% 的 BSA）中添加 1% 的 ITS 与不添加对照，进行培养，在培养的第 3 d 统计其胚胎分裂率以及第 7 d 统计囊胚率等胚胎学指标，研究添加 ITS 对于后续胚胎发育的影响。

### 2.2.1.7　统计学分析

用统计学软件 SPSS 10.0（statistical package for social science）进行方差与 $t$ 检验分析实验结果数据，其中 $P < 0.05$ 标示差异显著。

## 2.2.2　结　果

### 2.2.2.1　激素添加不同时间对于卵母细胞成熟的影响

在三种类型的卵母细胞（A、B、C）中，选择 A 和 B 型卵母细胞用于下一步的实验，而 C 型卵母细胞弃之（图 2.1）。在不添加激素（处理 A）的培养条件下，猪卵母细胞成熟率只有 11.7%。当添加激素时（处理 B ~ D），卵母细胞体外成熟率提高到 44 ~ 47%，表明添加生殖激素能显著提高猪卵母细胞成熟率（图 2.4）。

在 3 种不同阶段添加激素，研究对卵母细胞成熟的影响，结果发现，卵母细胞在培养基 B 孵育 42 h 的体外成熟率达到 47.8%（图 2.4B）。将添加激素培养的时间减少为 21 h，然后，进行两个独立的实验处理，结果表明：① 卵母细胞先进行 21 h 激素处理，然后进行无激素培养，卵母细胞体外成熟率为 45.4%；② 卵母细胞先无激素培养 21 h，然后再用激素处理 21 h，卵母细胞体外成熟率为 44.9%。这两种处理都低于 B 处理（进行添加激素培养 42 h）（图 2.4C 和 2.4D）。但是，其不同阶段添加激素实验组的卵母细胞体外成熟率都比对照组高，彼此之间不存在显著差异。

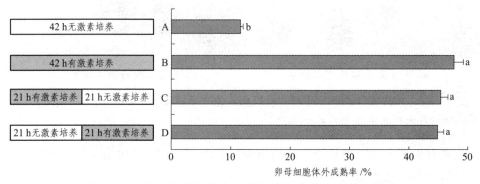

**图 2.4　不同阶段添加激素对猪卵母细胞体外成熟的影响**

注：上标字母不同表示差异显著（$P<0.05$）。

## 2.2.2.2　ITS 提高猪卵母细胞体外培养核成熟率

卵母细胞核成熟的主要标志是排出第一极体。为了进一步提高卵母细胞核成熟率，将 1% 的 ITS 添加到成熟培养液 B 中，研究 ITS 添加对猪卵母细胞在成熟培养后第一极体排出率（核成熟）的影响。在成熟培养后，去掉颗粒细胞的卵母细胞，随机在显微镜下的同一视野下观察卵母细胞排出第一极体的情况与比例。研究结果发现，添加 ITS 实验组的核成熟率[图 2.5（a）]显著高于对照组[图 2.5（b）]。同时，在成熟培养后，对排出第一极体的卵母细胞分别进行统计，至少重复 3 次。研究结果（表 2.4）表明，添加 ITS 能够显著提高猪卵母细胞的成熟率，添加组与对照组分别为 78.5% 和 54.35%

（ P<0.05 ）。因此，通过添加 ITS 能够显著提高猪卵母细胞在成熟培养后第一极体的排出率（显著高于对照组）。

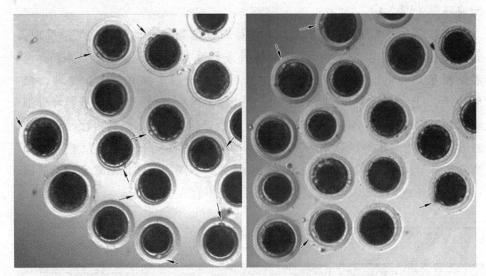

（a）ITS 添加组的卵母细胞 　　　　　（b）对照组的卵母细胞

**图 2.5　添加 ITS 对卵母细胞体外成熟的影响（×50）**

注：箭头所指为排出的第一极体。

在有无 ITS 添加的培养液中培养卵母细胞 42 h 后，排出第一极体的卵母细胞数分别进行计数统计。

**表 2.4　添加 1% ITS 对猪卵母细胞体外培养成熟率的影响**

| 实验组 | 培养的卵母细胞数 | 成熟的卵母细胞数 | 体外培养成熟率/% |
|---|---|---|---|
| ITS（ + ） | 457 | 359 | 78.56±0.93 [a] |
| ITS（ - ） | 425 | 231 | 54.35±1.12 [b] |

注：① 上标字母不同表示差异显著（P<0.05）。
　　② n=4。

### 2.2.2.3　ITS 提高猪卵母细胞体外培养胞质成熟率

在猪卵母细胞成熟培养后，其胞质皮质颗粒的分布有 3 种类型。类型Ⅰ：卵母细胞的皮质颗粒（CGs）均匀分布在胞质中，胞质膜上没有分布[图 2.6（a）]；类型Ⅱ：CGs 分布在透明带下的皮质区，而且在胞质膜下形成一个光环的结构[图 2.6（b）]；类型Ⅲ：CGs 在胞质膜和胞质中都有分布，没有在透明带下形成光环结构[图 2.6（c）]。在没有添加 ITS 的培养液 B 中培养后，其皮质颗粒分布为：类型Ⅰ 17.9%、类型Ⅱ 62.7%、类型Ⅲ 19.4%（表 2.5）。

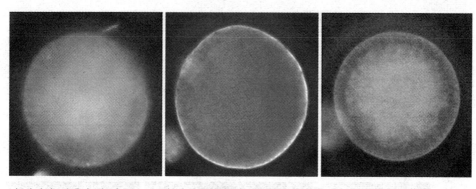

（a）（类型Ⅰ）皮质颗粒　　（b）（类型Ⅱ）皮质颗粒分布　（c）（类型Ⅲ）皮质颗粒
　　分布在胞质中，　　　　　在皮质区，而且在胞质　　　在胞质和胞质膜下
　　而不是在胞质膜下　　　　膜下形成一个亮的光环　　　都有分布

**图 2.6　猪卵母细胞成熟培养后胞质中皮质颗粒分布的类型（×200）**

但是，添加 ITS 成熟培养后显著减少了类型Ⅰ和Ⅱ的比例，同时显著提高了类型Ⅱ的比例，达 85.3%（表 2.5）。这些研究结果表明，添加 ITS 成熟培养后的卵母细胞质成熟得更好，提高了卵母细胞中皮质颗粒分布类型Ⅱ的比例。

**表 2.5　添加 1% ITS 对猪卵母细胞皮质颗粒分布的影响**

| 实验组 | 卵母细胞数 | 不同皮质分布类型卵母细胞数及所占比例/%(S.E.) | | |
| --- | --- | --- | --- | --- |
| | | Ⅰ | Ⅱ | Ⅲ |
| ITS（＋） | 75 | 6（8.00±0.13）[a] | 64（85.33±0.02）[a] | 5（6.67±0.09）[a] |
| ITS（－） | 67 | 12（17.91±0.18）[b] | 42（62.69±0.23）[b] | 13（19.40±0.08）[b] |

注：① 上标字母不同标示差异显著（$P<0.05$）。
　　② $n=3$。

## 2.2.2.4　ITS 添加对猪胚胎体外发育的影响

对获得的猪体外成熟卵母细胞进行激活，然后在胚胎培养液中添加 1% 的 ITS，研究其对胚胎发育的影响。结果表明，2 个实验组在卵裂率和囊胚率上无显著性差异（$P>0.05$）（表 2.6），但是在囊胚中平均细胞数存在显著性差异（$P<0.05$）（表 2.6 和图 2.7），表明在胚胎培养液中添加 1%的 ITS 能够获得较好的结果，能够提高囊胚的质量。

表 2.6　添加 1% ITS 对猪胚胎体外发育的影响

| 实验组 | 激活卵母细胞数 | 分裂的胚胎数及分裂率/% | 囊胚数及囊胚率/% | 平均囊胚细胞数 |
| --- | --- | --- | --- | --- |
| ITS（＋） | 187 | 135（72.19）[a] | 32（17.11）[a] | 54.56±0.93[a] |
| ITS（－） | 168 | 127（75.56）[a] | 28（16.67）[a] | 37.35±2.12[b] |

注：① 上标字母不同表示差异显著（$P<0.05$）。
　　② $n=3$。

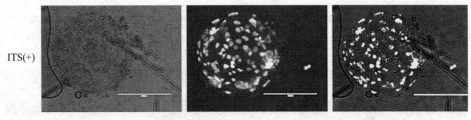

（a）ITS（＋）实验组囊胚的细胞核用 Hoechst 33342 染色计数结果

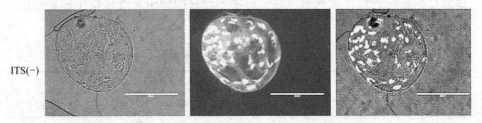

（b）ITS（－）实验组获得囊胚细胞用 Hoechst 33342 核计数结果

图 2.7　ITS 对猪囊胚中细胞数的影响

## 2.2.3　讨　论

培养液中添加激素对于猪卵母细胞核与胞质的成熟起着决定性的作用。已有研究发现，在成熟培养液中添加促性腺激素或类固醇激素对体外培养卵母细胞的成熟是必需的。Funahashi 和 Day 研究发现，hCG（human chorionic gonadotropin）和 eCG（equine chorionic gonadotropin）一起使用能够显著提高猪卵母细胞的核与胞质的成熟率（Funahashi and Day, 1993）。猪卵母细胞先在添加 PMSG、hCG 和雌二醇（E2）的培养液中培养 20 h，然后转入无激素培养液中继续培养 20 h，其卵母细胞的核与胞质的成熟率都大大提高（Funahashi, Cantley et al., 1994）。Mariana 等研究发现，在添加 eCG 和 hCG 的培养液中培养 48 h 的成熟率显著低于先在有激素培养 24 h，然后转入无激素中培养 24 h 的成熟率（Viana, Caldas-Bussiere et al., 2007）。本研究的结果显示，在添加 PMSG、hCG 和 FSH 的培养液中培养 42 h 能够显著提高卵母细胞的核与胞质的成熟率。同时，结果表明尽管处理 C 与 D 的成熟率比处理 B 要低，但都可达到 45%，而且都显著高于对照组的成熟率。

谷氨酰胺（glutamylcysteinylglycine, GSH）是细胞中一种主要的抗氧化剂，能够有效控制卵母细胞中活性氧的产生（reactive oxygen species, ROS）（Rodrigues and Rodrigues, 2003）。Tatemoto 等研究发现，培养液中添加的抗氧化剂，如 GSH、转铁蛋白和硒能够通过保护线粒体功能，减少多精子进入卵母细胞，显著提高卵母细胞成熟率和促进胚胎的发育（Tatemoto, Muto et al., 2004）。研究发现，添加 ITS 能够显著提高卵母细胞成熟培养过程中的 GSH 含量，同时能够有效通过类胰岛素-Ⅰ信号通路作用提高胚胎发育的质量（Kim, Lee et al., 2005； Lee, Kang et al., 2005）。尽管通过添加激素能够使猪卵母细胞体外成熟率超过 50%（表 2.4），但是，通过添加 1% ITS，其成熟率显著高于前者（$P<0.05$，表 2.4）。综上所述，ITS 的添加可能通过加快活性氧的降解、减少卵母细胞成熟培养过程中的 ROS 水平，从而提高卵母细胞的成熟率。

卵母细胞体外成熟培养过程中，其胞质的成熟程度对后续的胚胎发育起着很重要的作用。其中衡量胞质成熟程度的主要方法之一是胞质颗粒分布的情况（Wang, Sun et al., 1997； Liu, Mal et al., 2005； Cao, Zhou et al., 2009）。表 2.5 中的结果表明，在添加 ITS 实验组中，皮质颗粒分布类型Ⅰ和Ⅲ的比例大大减少（14.7%、37.3%），类型Ⅱ卵母细胞的比例显著高于无 ITS 实验组（85.3%、62.7%、$P<0.05$）。本研究的结果 （图 2.6 和表 2.5）与已有的研究报道的结果是一致的（Wang, Hosoe et al., 1997; Wang, Sun et al., 1997; Ferreira, Vireque et al., 2009），表明 ITS 的添加能够显著促进猪卵母细胞质的成熟率。

同时，由于 ITS 的添加能够减少胚胎培养过程中活性氧的产生，降低胚胎凋亡的发生，因此推测能够提高胚胎的发育。表 2.6 及图 2.7 的结果表明，在胚胎培养液中添加 1% 的 ITS，虽然不能够提高胚胎分裂率及囊胚率，但是能够有效增加囊胚内细胞数，从而显著提高胚胎发育的质量。这与已有的研究报道的结果是一致的（Cao, Zhou et al., 2009；Ferreira, Vireque et al., 2009）。

## 2.2.4 小 结

由此可见，ITS 添加不仅能够显著提高卵母细胞第一极体的排出率，显著高于对照组（78.56%、54.35%，$P<0.05$），而且成熟卵母细胞的胞质成熟类型只有 Ⅱ 型显著高于对照组（85.33%、62.69%，$P<0.05$），最后有效提高核与胞质的成熟率，其核质成熟率可达 67%（78.56%×85.33%）。同时在胚胎培养液中添加 1% 的 ITS 能够有效提高猪胚胎体外发育的质量，显著增加囊胚中的平均细胞数（54.56、37.35，$P<0.05$）。

因此，mM199 添加 10 ng·mL$^{-1}$ EGF、10 IU·mL$^{-1}$ PMSG、10 IU·mL$^{-1}$ hCG、2.5 ng·mL$^{-1}$ FSH 和 1%ITS 对于猪卵母细胞体外成熟培养是一种合适的成熟培养液；同时在胚胎培养液中添加 ITS 可以提高后续胚胎发育的质量。

# 3　猪孤雌胚胎体外培养研究

卵母细胞常用的激活方法有物理激活和化学激活。物理激活包括机械和渗透压刺激、温度应激、压力刺激、电刺激等；化学激活包括离子应激、酶（链霉蛋白酶、透明质酸酶）和麻醉剂、钙离子载体（A23187，Ionomycin）、乙醇、蛋白酶合成抑制剂、蛋白质磷酸化抑制剂等；也有学者将物理激活和化学激活两者联合起来进行激活。采用上述方法处理卵母细胞可使其激活并继续发育，但作用原理不同。其激活效率则因动物种类或其他因素的不同而有差异。

现在较多研究认为，主要有 3 种起第二信使作用的分子与卵母细胞激活中信号传导和卵母细胞减数分裂恢复有关：$Ca^{2+}$、1,4,5-三磷酸肌醇（IP3）和 1,2-二酰基甘油 （DAG）。IP3 和 DAG 的功能是使细胞外信号转换为细胞内信号。这两个第二信使分别调节两条不同通路，IP3 动员细胞内源 $Ca^{2+}$ 释放到细胞质，提高了胞内的 $Ca^{2+}$ 浓度；DAG 刺激蛋白激酶 C（PKC）活性，PKC 可以磷酸化底物蛋白，引起与激活和减数分裂有关的蛋白质和激酶的磷酸化，导致卵母细胞激活和减数分裂恢复。而卵母细胞中的另一个重要因子成熟促进因子（MPF）在卵母细胞激活和减数分裂中发挥最直接的作用，MPF 的失活导致卵母细胞激活离开 MII 期，完成减数分裂。MPF 是许多细胞周期的调节物。它是由催化亚基 P34cdc2 和调节亚基 cyclin B 组成的异二聚体。MPF 的活性实际上主要受 cyclin B 的调节。cyclin B 在 GV 期大量合成后与 P34cdc2 结合，形成有功能的复合体，使 MPF 活性显著增加，细胞阻止于 MI 期；MPF 活性的维持与降解也受细胞静止因子（cytostatic factor，CSF）的调控，CSF 能使细胞停顿在 M 期的中期，阻止细胞离开 M 期。CSF 是原癌基因 *c-mos* 的产物，它不仅能够使 cyclin B 磷酸化，进而使 P34cdc2 活化，产生有活性的 MPF，使细胞从 q 期进入 M 期，而且能维持 cydin B 的磷酸化，使它不被降解，从而维持 MPF 的活性，阻止细胞离开 M 期，使细胞停顿在

M 期的中期。CSF 对 $Ca^{2+}$ 极其敏感，在卵母细胞受精或激活后，细胞内 $Ca^{2+}$ 浓度迅速增加，导致 CSF 活性消失，cyclin B 被迅速降解，MPF 活性消失，细胞离开 M Ⅱ 期，完成细胞分裂并进入下一细胞周期。

哺乳动物卵母细胞的人工激活，是细胞核移植技术的关键环节，卵母细胞激活与核移植成功与否密切相关，因为移植后的卵母细胞的核物质被供体细胞核所代替，移入的核物质的复制等过程完全依赖于卵母细胞的激活。因此卵母细胞激活研究对于完善核移植技术有着重要的意义和价值。到目前为止，对于克隆的研究已经取得了很大的成就，但是其总体效率仍然很低（不超过 10%），其中一部分原因与卵母细胞的未充分激活有关。

## 3.1 不同激活方法激活猪卵母细胞胚胎发育的研究

自然情况下或体外受精时，精子的进入会启动 M Ⅱ 期卵母细胞继续发育，这一过程称为卵母细胞的激活。卵母细胞的激活包括一系列级联的形态和生理变化。钙离子振荡和钙波是激活过程的初始信号，随后引起包括皮质颗粒（CG）释放、细胞内 pH 改变、母源 mRNA 的补充等一系列激活反应，最终导致原核形成、DNA 合成起始和卵裂[276]。在体外也可以通过物理刺激和化学刺激使处于 M Ⅱ 期的卵母细胞激活。物理激活一般有温度刺激和机械刺激，化学刺激一般有蛋白质合成抑制剂及蛋白磷酸化抑制剂、离子载体处理、酶刺激等。从目前应用情况看，电脉冲刺激是应用最为广泛的卵母细胞激活方法，此外乙醇、钙离子载体、6-DMAP、CHX 等也可用于卵母细胞激活（Jung, Fulka et al., 1993; Prather, Tao et al., 1999）。对于猪卵母细胞的激活而言，有使用化学试剂激活卵母细胞的报道（Park, Cheong et al., 2001; Jaenisch, Eggan et al., 2002），但大多学者仍倾向于使用电激活，并认为电激活足以使猪卵母细胞充分激活（Bondioli, Ramsoondar et al., 2001）。但是采用单纯电刺激激活的卵母细胞孤雌胚大多为单倍体，影响其发育。因此，为了提高孤雌激活胚胎的发育率，常常将电刺激与化学激活联合起来，使得孤雌激活胚胎为二倍体。

本实验的目的是通过对离子霉素不同处理时间、一些不同电激活参数及电激活-化学激活联合的研究，确定适合于猪卵母细胞孤雌激活的方法，为以后进一步的相关实验和研究积累资料。

# 3.1.1  材料与方法

## 3.1.1.1  试剂与用品

研究中所用试剂除特别指明外，均购自 Sigma 公司。TCM199 粉剂及 TCM199 原液购自 Gibco 公司；FBS 购自 Hyclone 公司；PMSG、HCG、FSH 购自宁波激素制品厂；洗卵液为添加 10% NBS 的 PBS（－）（自配）。电融合液（cytofusion medium formula C）和电融合仪（PA-4000 型）购自 Cyto Pulse Sciences 公司；NCSU-23 自配（配方如前所述）。

## 3.1.1.2  猪卵巢的采集及运输

猪卵巢采集于某屠宰场，采集卵巢个体的年龄、遗传背景、妊娠与否不详。采集卵巢置于 35～39 ℃加双抗的生理盐水中，于 4 h 内运回实验室。

## 3.1.1.3  猪卵母细胞的采集与体外成熟培养

用抽吸法采集卵巢卵母细胞。去除卵巢上附着的输卵管等组织，用加双抗的生理盐水清洗 3 次后，用带有 12# 针头的 10 mL 注射器抽吸卵巢表面 2～8 mm 卵泡的卵泡液，在体视显微镜下检出卵母细胞。检卵时按卵丘细胞多少及胞质明暗分为 3 类：A 类卵母细胞含有 5 层以上卵丘细胞，胞质均匀，较暗；B 类卵母细胞包有 1～4 层卵丘细胞；C 类为胞质不均或只有少许卵丘细胞的畸形卵、裸卵和半裸卵。选择 A、B 类（图 2.1）卵母细胞，用洗卵液和成熟培养液分别清洗 3 次后进行体外成熟培养。成熟培养液为改良 TCM199（TCM199 添加 0.1% PVA、0.57 mmol · L$^{-1}$半胱氨酸、3.05 mmol · L$^{-1}$葡萄糖和 0.91 mmol · L$^{-1}$丙酮酸钠）＋ 10 IU · mL$^{-1}$ PMSG ＋ 10 IU · mL$^{-1}$ hCG ＋ 2.5 IU · mL$^{-1}$ FSH）。培养条件为 39 ℃、5% CO$_2$ 和饱和湿度。培养 44 h 后用 0.3%透明质酸酶（无 Ca$^{2+}$、Mg$^{2+}$的 PBS 液配制）于 37 ℃消化 3～5 min，辅以适当口径玻璃管反复吹打去除卵丘细胞判定成熟情况。卵母细胞成熟以排出第一极体（图 2.2）为标准，并结合成熟卵形态学进行评价。

## 3.1.1.4  猪卵母细胞的孤雌激活与体外培养

依实验设计进行化学激活：用 10 μmol · L$^{-1}$离子霉素处理后用培养液洗

3 次，然后用 2 mmol·L$^{-1}$ 6-DMAP 处理后再用培养液洗 3 次。依实验设计对猪卵母细胞进行电激活：激活前用融合液洗 3 次，并在融合液中 38.5 ℃培养 5~10 min。激活后将卵母细胞用培养液洗 3 次后置于含 7.5 μg·mL$^{-1}$细胞松弛素 B（CCB）的培养液中培养 2 h，再用培养液洗 3 次。激活的卵母细胞用含 4% BSA 的 NCSU-23 进行培养。培养 40 h 后统计卵裂数。

### 3.1.1.5　实验设计

实验 1：实验目的是研究离子霉素不同处理时间对孤雌激活的影响。用 10 μmol·L$^{-1}$ 离子霉素分别处理成熟的卵母细胞 5 min、10 min、15 min，然后用含 2 mmol·L$^{-1}$ 6-DMAP 的 4%BSA + NCSU-23 进行培养 2 h。激活后用 NCSU – 23 + 4%BSA 培养，每 2 d 半量换液 1 次。

实验 2：实验目的是研究电场强度对猪卵母细胞激活的影响。直流脉冲之前给 1 个 10 V 5 s 的交流脉冲，之后给予时程为 60 μs、3 次间隔 3 s 的直流脉冲，直流脉冲分 6 组，分别为 60 V·mm$^{-1}$、80 V·mm$^{-1}$、100 V·mm$^{-1}$、120 V·mm$^{-1}$ 和 140 V·mm$^{-1}$ 和 160 V·mm$^{-1}$。激活对象为 IVM 44 h 的卵母细胞。激活后培养同实验 1。

实验 3：实验目的是研究脉冲次数对猪卵母细胞激活的影响。直流脉冲前给 1 个 10 V 5 s 的交流脉冲，之后分 3 组分别给予 1 次、2 次和 3 次 120 V·mm$^{-1}$ 时程为 60 μs 的直流脉冲，每次脉冲间隔 3 s。激活对象为 IVM 44 h 的卵母细胞。激活后培养同实验 1。

实验 4：实验目的是研究电激活、化学激活联合对猪卵母细胞激活的影响。从实验 2、3 中选择直流脉冲为 120 V·mm$^{-1}$、直流脉冲参数为 2 次进行电激活，然后用 CB 处理 2 h。同时，在电激活处理后从实验 1 中选择 10 μmol·L$^{-1}$ 离子霉素再对电激活的卵母细胞处理 5 min，2 mmol·L$^{-1}$ 6-DMAP 处理 2 h。激活后培养同实验 1。

### 3.1.1.6　数据处理

用 $t$ 检验对结果进行差异显著性分析。

## 3.1.2　结　果

### 3.1.2.1　离子霉素处理不同时间对猪卵母细胞激活的影响

依实验设计中实验 1 进行操作，结果见表 3.1。

表 3.1　离子霉素不同处理时间对猪卵母细胞激活的影响

| 处理时间/min | 处理卵数 | 裂解卵数及裂解率/% | 卵裂胚数及卵裂率/% |
|---|---|---|---|
| 5 | 27 | 0（0.0）[a] | 17（62.97）[a] |
| 10 | 24 | 0（0.0）[a] | 15（62.50）[a] |
| 15 | 23 | 0（0.0）[a] | 15（65.21）[a] |

注：同列上标字母不同表示有显著性差异，a and b，$P>0.05$，下表同。

### 3.1.2.2　电场强度对猪卵母细胞激活的影响

依实验设计中实验 2 进行操作，结果见表 3.2。

表 3.2　电场强度对猪卵母细胞激活的影响

| 电场强度/V·mm$^{-1}$ | 处理卵数 | 裂解卵数及裂解率/% | 卵裂胚数及卵裂率/% |
|---|---|---|---|
| 60 | 42 | 0（0.0）[a] | 17（40.98）[a] |
| 80 | 34 | 0（0.0）[a] | 15（44.11）[a] |
| 100 | 39 | 0（0.0）[a] | 18（46.19）[a] |
| 120 | 45 | 0（0.0）[a] | 30（66.67）[b] |
| 140 | 36 | 3（8.3）[a] | 23（63.89）[b] |
| 160 | 39 | 5（12.8）[a] | 25（64.10）[b] |

### 3.1.2.3　电脉冲次数对猪卵母细胞激活的影响

依实验设计中实验 3 进行操作，结果见表 3.3。

表 3.3　电脉冲次数对猪卵母细胞激活的影响

| 脉冲次数 | 处理卵数 | 裂解卵数及裂解率/% | 卵裂胚数及卵裂率/% |
|---|---|---|---|
| 1 | 43 | 0（0.0）[a] | 27（62.80）[a] |
| 2 | 46 | 0（0.0）[a] | 31（67.40）[a] |
| 3 | 41 | 1（2.4）[a] | 28（68.30）[a] |

### 3.1.2.4 电激活和电激活-化学激活联合对猪卵母细胞激活的影响

依实验设计中实验 4 进行操作，结果见表 3.4。

**表 3.4  电激活和电激活-化学激活联合对猪卵母细胞激活的影响**

| 激活方法 | 培养胚数 | 裂解卵数及裂解率/% | 卵裂胚数及卵裂率/% |
|---|---|---|---|
| 电激活 | 34 | 0（0.0）[a] | 23（67.64）[a] |
| 电激活-化学激活 | 33 | 0（0.0）[a] | 29（84.84）[b] |

不同时期的卵母细胞及胚胎形态如图 3.1 至图 3.5 所示。

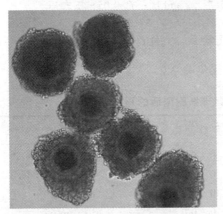 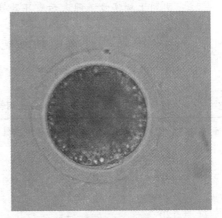

图 3.1  A、B 级卵丘卵母细胞复合体(×50)　图 3.2  成熟卵母细胞,排出第一极体(×100)

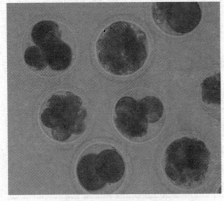 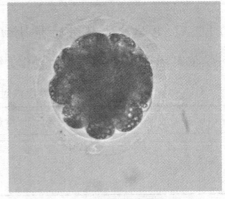

图 3.3  猪孤雌激活胚(×50)　　　　图 3.4  猪孤雌激活桑葚胚(×200)

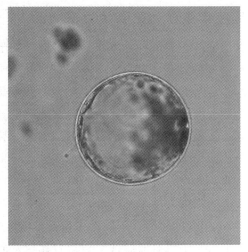

**图 3.5　猪孤雌激活囊胚(×400)**

## 3.1.3　讨　论

### 3.1.3.1　离子霉素处理不同时间对猪卵母细胞激活的影响

离子霉素（ionomycin）是一种高效的 $Ca^{2+}$ 载体，能够动员细胞内 $Ca^{2+}$ 的释放，并且依次激发后期 $Ca^{2+}$ 的内流[281]，引起细胞内 $Ca^{2+}$ 浓度升高，使得卵母细胞退出 MII 期，被激活（Jones，1995）。但是离子霉素一般只引起激活的早期反应，因此要与蛋白合成抑制剂如 6-DMAP、CHX 等（Yoo，2001）联合使用。因为 6-DMAP 是蛋白质磷酸化的抑制剂，它能阻止蛋白质的磷酸化而抑制 MPF 和 CSF 的活性，同时抑制了纺锤体形成时微管蛋白的磷酸化而抑制了极体的排出，使得形成二倍体（Ledda，1996b）。另外，6-DMAP 对卵母细胞的激活作用在于维持 $p34^{cdc2}$ 的磷酸化和抑制 cyclin B 的磷酸化，抑制 MPF 的活性；同时 cyclin B 的降解使得 MPF 活性下降，使得卵母细胞由 MII 期向末期发展，导致激活（Mau，2000）。因为离子霉素处理时间短，但是往往要在实验中同时进行其他实验，很难保证离子霉素处理时间的精确性。因此，实验 1 探究离子霉素处理在一定时间内波动对激活率有何影响。结果发现离子霉素处理 5 min 与 10 min、15 min 无显著差异，说明在 5 ~ 15 min 内，卵母细胞内渗入的离子霉素的量造成的细胞内 $Ca^{2+}$ 浓度升高对激活率的影响无显著差异。

### 3.1.3.2 电场强度对猪卵母细胞激活的影响

电脉冲激活卵母细胞并非是电脉冲本身激活了卵母细胞，而是电脉冲在卵母细胞膜上形成可恢复的微孔，使 $Ca^{2+}$ 进入细胞内，导致细胞内游离的 $Ca^{2+}$ 浓度迅速升高，引起卵母细胞的激活。电刺激激活卵母细胞过程中，电场强度及脉冲时程是 2 个重要的物理参数。实验 2 的结果表明，在一定电场强度范围内，随着电场强度的增加，激活猪卵母细胞的分裂率也相应增加；但电场强度过高会导致卵母细胞裂解率也相应增多，此结果与李劲松等和陈乃清等的研究结果一致（陈乃清，赵浩斌，1999；李劲松，韩之明等，2002）。对各组进行比较，在电场强度为 $120\,V \cdot mm^{-1}$，3 次电脉冲和 $60\,\mu s$ 脉冲时程的电刺激可以对 IVM 44 h 的猪卵母细胞产生较好的激活效果。

对于脉冲时程，本实验中没有对脉冲时程进行比较，而是直接参考其他学者的参数（$30 \sim 100\,\mu s$）（Loi, Ledda et al., 1998； Zhu, Telfer et al., 2002）。

### 3.1.3.3 脉冲次数对猪卵母细胞激活的影响

在电脉冲作用下，卵母细胞的细胞膜会形成很多可恢复的微孔，使细胞内外介质中的 $Ca^{2+}$ 进入细胞，导致细胞内 $Ca^{2+}$ 浓度升高，从而引起卵母细胞激活。多次电刺激可诱导卵母细胞中 $Ca^{2+}$ 浓度多次升高（Wang, Machaty et al., 1998; Zhu, Telfer et al., 2002）。在正常受精过程中，精子引起卵母细胞内 $Ca^{2+}$ 浓度升高并伴随着一系列 $Ca^{2+}$ 振荡，持续时间长达数小时。控制电刺激参数，模拟正常受精过程中 $Ca^{2+}$ 浓度节律性脉冲升高，可复制出正常受精过程中的一系列变化（Hagen, Prather et al., 2005）。但对猪卵母细胞激活而言，越来越多的研究表明，随着脉冲次数增多，卵母细胞激活率并不显著升高（Sun, Hoyland et al., 1992），并且随着脉冲次数增加，卵母细胞裂解率也增加。本实验结果与其他学者的结果基本相同，但以 2 次电脉冲取得较好结果。

### 3.1.3.4 电激活-化学激活联合对猪卵母细胞激活的影响

一般采用单纯电刺激激活的卵母细胞孤雌胚大多为单倍体，其发育受影响；因此，为了提高孤雌激活胚胎的发育率，常常将电激活与化学激活联合起来进行激活（Machaty, Funahashi et al., 1997； Zhu, Telfer et al., 2002）。Wakayama 等（Wakayama, Perry et al., 1998）研究发现，电激活后再用化学激活，能显著提高克隆胚的发育。实验结果表明，电激活-化学激活联合卵母细胞的激活率高于单纯电激活的激活率。两者的区别在于前者附加了离子霉素和 6-DMAP 的处理，而现在已有的文献中电激活-化学激活联合一般没有附加离子霉素的处理（孙兴参，岳奎忠等，2004）。究其原因，个人认为电刺激随着电场强度的升高其激活率也会升高，但是其卵裂解率也呈上升趋势。实验 2 中电场强度为 140 V·mm$^{-1}$、160 V·mm$^{-1}$ 的激活率（63.89%、64.10%）分别与其卵裂解率（8.3%、12.8%）之和高于电场强度 120 V·mm$^{-1}$ 的激活率（66.67%），有可能在于高的电场强度对一些卵母细胞质膜造成的微孔无法恢复，从而使得一些将分裂的卵母细胞裂解，导致其激活率下降。在适当的电刺激后，再用离子霉素处理有可能弥补细胞内 Ca$^{2+}$ 浓度不够和用高的电场强度造成的损害，使得激活率高于单纯电激活的激活率。因此用电激活-化学激活联合能有效提高猪卵母细胞孤雌激活的激活率。

总之，用离子霉素、电脉冲及电激活-化学激活联合都能激活猪的卵母细胞，其中以电激活-化学激活联合能有效激活猪卵母细胞。猪卵母细胞孤雌激活方法的研究为以后进一步相关的实验和研究积累了资料。

## 3.1.4  小  结

结果表明：（1）10 μmol·L$^{-1}$ 离子霉素处理 5 min 的激活率 62.97%（17/27）与处理 10 min、15 min 的激活率 62.50%（15/24）、65.21%（15/23）差异不显著。

（2）以电场强度 120 V·mm$^{-1}$ 脉冲次数 3 次处理猪卵母细胞的激活率 66.67%（30/45）与 60 V·mm$^{-1}$、80 V·mm$^{-1}$、100 V·mm$^{-1}$ 的激活率 40.98%（17/42）、44.11%（15/34）、46.19%（18/39）有显著差异，但与 140 V·mm$^{-1}$、160 V·mm$^{-1}$ 的激活率 63.89%（23/36）、64.10%（25/39）无显著差异（$P > 0.05$）。

（3）以电场强度 120 V·mm$^{-1}$、不同电脉冲次数进行激活。2 次电脉冲激活猪卵母细胞的激活率 67.40%（31/46）与 1 次、3 次电脉冲的激活率 62.80%（27/43）、68.30%（28/41）无显著差异（$P > 0.05$）。

（4）以电场强度 120 V·mm$^{-1}$、2 次电脉冲与 10 μmol·L$^{-1}$ 离子霉素处理 5 min 联合激活猪卵母细胞的激活率 84.84%（29/33）与只用电场强度 120 V·mm$^{-1}$，2 次电脉冲的激活率 67.64%（23/34）差异显著（$P < 0.05$）。

实验结果表明：电场强度 120 V·mm$^{-1}$，2 次电脉冲与 10 μmol·L$^{-1}$ 离子霉素处理 5 min 联合处理激活，能有效提高猪卵母细胞孤雌激活的激活率。

## 3.2 维生素 C 对猪胚胎体外发育的影响研究

在卵母细胞或胚胎体外培养的过程中会产生大量的活性氧（ROS），其中存在的不同代谢途径及不同类型的酶也会产生大量外源 ROS（Nasr-Esfahani and Johnson, 1991；Trimarchi, Liu et al., 2000；Guerin, El Mouatassim et al., 2001），而这些 ROS 会对卵母细胞的成熟或胚胎的发育产生很大的损伤作用。同时，培养的外界环境中很多因素也会导致 ROS 的产生，如氧的消耗、可见光及氨基酸的氧化反应等，都会促进胚胎培养过程中 ROS 的产生（Nasr-Esfahani, Aitken et al., 1990；Goto, Noda et al., 1993；Alvarez, Minaretzis et al., 1996）。这些胚胎中产生的 ROS 会导致胚胎质量下降，如囊胚发育率降低、囊胚细胞数减少或内细胞团的细胞数量减少，以及引起细胞凋亡或细胞质碎片的发生，总之这些后果会导致后续胚胎移植后妊娠率的降低或产生不正常的后代个体（Hao, Lai et al., 2003；Wheeler, Clark et al., 2004）。胚胎中产生的高水平 ROS 会影响胚胎体外的发育，如引起脂质过氧化物的增加（Nasr-Esfahani, Aitken et al., 1990；Nasr-Esfahani and Johnson, 1992）和蛋白质的过氧化水平升高，导致 DNA 链断裂（Orsi and Leese, 2001）。同时也有研究发现，胚胎的 ROS 水平与胚胎中凋亡的发生呈正比关系，因为发现胚胎的过氧化氢水平升高，会导致胚胎中细胞碎片的产生及胚胎卵裂球凋亡的发生（Yang, Hwang et al., 1998）。有些研究结果表明，ROS 水平升高会引起肿瘤的抑制基因 P53 和长寿蛋白 P66[shc] 表达水平升高，这两个基因的表达产物能够识别损伤的 DNA 序列（Sharpless and DePinho, 2002；Migliaccio, Giorgio et al., 1999）。已有研究证实，P53 基因能够使得细胞由于遭受外在的选择性压力而死亡或发生发育阻滞，而这些外在选择性压力主要有 DNA 损伤、ROS 反应及端粒酶缩短等因素（Donehower, 2002；Sharpless and DePinho, 2002）。

维生素 C（vitamin C, $V_C$）是一种具有抗氧化作用的含糖基的酸性化合物，是人类或动物生存必需的一种代谢底物。$V_C$ 可以参与如下反应，通过谷胱甘肽过氧化物酶（glutathione peroxidase, GPX）的作用，可降低氧化型谷胱甘肽（oxidized glutathione, GSSG）的水平，从而引起在 GSH/GSSG 的抗氧化系统中谷胱甘肽（glutathione, GSH）减少，最后减少脂质过氧化物进入氧化反应系统，达到保护细胞免受氧化损伤的目的（Kingsley, Whitin et al., 1998；Mihailovic, Cvetkovic et al., 2000）。$V_C$ 也能减少脂蛋白内的氢氧化物对膜磷脂的损伤,与 $\alpha$-维生素 E 共同作用抑制脂质过氧化物的产生(Sneddon, Wu et al., 2003)。最新的研究发现,$V_C$ 能够加快人与小鼠 iPS 细胞的诱导速度及提高 iPS 细胞产生的效率,证实其内在的原因部分在于 $V_C$ 使得细胞能够脱离细胞衰老,加快细胞生长的速度(Esteban, Wang et al., 2010)。由此可见,$V_C$ 能够通过抑制凋亡信号,同时激活抗凋亡的信号通路,使得细胞能够加快生长速度,同时免受外界环境压力的损伤。

本研究主要集中在 $V_C$ 对于猪胚胎在体外发育的影响。本研究选择猪孤雌胚胎作为实验研究材料,已有研究发现猪的孤雌胚胎是一种有效的实验材料体系,用于评价外来源因素对胚胎发育的影响(Kure-bayashi, Miyake et al., 2000)。选择在猪胚胎培养液(PZM-3 + 0.3% BSA)中添加不同浓度的 $V_C$（$0\ \mu g \cdot mL^{-1}$、$2.5\ \mu g \cdot mL^{-1}$、$5\ \mu g \cdot mL^{-1}$、$10\ \mu g \cdot mL^{-1}$、$20\ \mu g \cdot mL^{-1}$、$40\ \mu g \cdot mL^{-1}$），研究不同浓度处理组中胚胎 ROS 的水平、囊胚率、囊胚细胞数。同时对不同处理组中的胚胎进行回收,就其凋亡基因(*Bax*)和抗凋亡基因(*BCL-xL*)及多能性基因 *Nanog* 的表达进行分子检测。期望通过上述研究,得到最佳的 $V_C$ 作用浓度,提高猪胚胎在体外的发育效率。

## 3.2.1 材料与方法

### 3.2.1.1 试剂与仪器

#### 1)主要试剂与溶液

(1)无钙镁 PBS[PBS（ - )]缓冲液：

称取 NaCl 10.00 g、$Na_2HPO_4 \cdot 12H_2O$ 1.44 g、KCl 0.25 g、$KH_2PO_4$ 0.25 g,置于 500 mL 烧杯中,加入适量四蒸水,磁力搅拌器搅拌直至完全溶解后,转入 1000 mL 容量瓶定容,混匀后分装于 200 mL 的玻璃瓶中,15 磅(1.05×$10^5$ Pa)高压灭菌 30 min,4 ℃冰箱保存。

(2)10×TBE:称取 10.8 g Tris.base、5.5 g 硼酸、0.74 g EDTA,加入 200 mL 四蒸水充分溶解,0.22 μm 滤膜过滤。0.5×TBE 为聚丙烯酰胺电泳的工作缓冲液。

(3)10 mg · $mL^{-1}$ 溴化乙啶:称取 100 mg 溴化乙啶,加入 10 mL 双蒸水,充分溶解后按每份 1 mL 分装,4 ℃ 储存。溴化乙啶工作浓度为 $0.5\ \mu g \cdot mL^{-1}$。

（4）0.8%的琼脂糖：称取 0.4 g 琼脂糖，充分溶解于 50 mL 1×TBE，微波加热充分溶解后取出，待温度下降后加入 2.5 μL 10 mg·mL$^{-1}$ 溴化乙啶制胶。

（5）4%多聚甲醛（新鲜配制）：70~80°C 预热 25 mL DEPC-H$_2$O，称取 2 g 多聚甲醛以及 10 μL NaOH（10 mol·L$^{-1}$）加入其中，用磁力搅拌器搅拌溶解约 10 min，然后加入 25 mL 2×PBS( phosphate buffer )，充分混匀，0.2 μm 滤器过滤，4 ℃保存。注意：此操作需在通风柜中进行。

（6）2×phosphate buffer（2×PBS）（1 L）：称取 2.66 g Na$_2$HPO$_4$、5.04 g NaH$_2$PO$_4$，加入 500 mL DEPC-H$_2$O 充分溶解后定容至 1 L，高压灭菌。

（7）DEPC-H$_2$O （0.1% diethyl pyrocarbonate）：称取 1 L ddH$_2$O，加入 1 mL DEPC，充分振荡，常温通风柜内放置过夜，次日高压灭菌。

注：DEPC 为有毒物质，操作时应注意防护，配制时在通风柜内进行。

### 2）主要仪器设备

透明式冰柜：Haier   SC-276 型；

超低温冰箱：HARRIS；

液氮罐：Thermolyne locator；

PCR 仪：MJ. Research .INC. PTC-100；

微量移液器：10 μL、100 μL、200 μL、1 000 μL，VWR；

微波炉   Whirlpool；

DK-8D 型电热恒温水槽：ISOTEMP 210；

微型混合器：Polytron PT10-35；

紫外凝胶成像系统：Bio Doc-It system；

分光光度计：Beckman；

超净工作台：NUAIR；

净水系统：Barnstead   D3750。

### 3.2.1.2　卵母细胞收集及体外成熟培养

猪卵巢采集于某屠宰场，采集卵巢个体的年龄、遗传背景、妊娠与否不详。采集卵巢置于 30~39 ℃加双抗的生理盐水中，于 4 h 内运回实验室。

用抽吸法采集卵巢卵母细胞。去除卵巢上附着的输卵管等组织，用加双抗的生理盐水清洗 3 次后,用带有 $12^{\#}$ 针头的 10 mL 注射器抽吸卵巢表面 2~8 mm 卵泡的卵泡液,在体视显微镜下检出卵母细胞。检卵时按卵丘细胞多少及胞质明暗分为 3 类:A 类卵母细胞含有 5 层以上卵丘细胞,胞质均匀,较暗;B 类卵母细胞包有 1~4 层卵丘细胞;C 类为胞质不均或只有少许卵丘细胞的畸形卵、裸卵和半裸卵(图 2.1)。选择 A、B 类卵母细胞,用洗卵液和成熟培养液分别清洗 3 次后进行体外成熟培养。培养条件为 39 °C、5% $CO_2$ 和饱和湿度。培养 44 h 后用 0.3% 透明质酸酶(无 $Ca^{2+}$、$Mg^{2+}$ 的 PBS 液配制)于 37 °C 消化 3~5 min,辅以适当口径玻璃管反复吹打,去除卵丘细胞判定成熟情况。卵母细胞成熟以排出第一极体为标准,并结合成熟卵形态学进行评价。

### 3.2.1.3  卵母细胞孤雌激活及胚胎培养

猪卵母细胞孤雌激活方法如下:42 h 成熟培养后,脱掉颗粒细胞的卵母细胞用电激活方法进行激活(电激活参数为:1 次直流电 2.0 kV · cm$^{-1}$,时程为 30 ms)。激活后用 2 mmol · L$^{-1}$ 6-DMAp(6-DMAP, Sigma, St. Louis, MO)进行培养 3 h。然后换入胚胎培养液 PZM-3 中在 38.5 °C、5% $CO_2$ 条件下继续培养,以激活当天为 0 天,在第 2 d 观察分裂情况,7 d 观察胚胎囊胚等的发育情况,统计其囊胚等胚胎学指标的情况。

### 3.2.1.4  活性氧水平的测定

卵母细胞与胚胎中 ROS 水平的测定实际上是通过测定 2′, 7′-DCF(dichlorofluorescein, DCF)的荧光强度来实现的,这是已被证实的一种可靠的实验方法(Nasr-Esfahani, Aitken et al., 1990)。具体原理如下:2′, 7′-DCFHDA(dichlorodihydrofluorescein diacetate, DCHFDA)本身没有荧光,可以自由穿过细胞膜,进入细胞内后,可以被细胞内的酯酶水解生成 DCFH。而 DCFH 不能通透细胞膜,从而使探针很容易被装载到细胞内。细胞内的活性氧可以氧化无荧光的 DCFH 生成有荧光的 DCF,检测 DCF 的荧光强度就可以知道细胞内活性氧的水平。

本研究中的活性氧检测试剂盒(reactive oxygen species assay kit)购自碧云天生物技术有限公司(产品编号:S0033)。获得猪胚胎按照试剂盒说明进行处理后,用荧光倒置显微镜(EVOS Fl; Advanced Microscopy Group USA

Ltd.）进行照相。获得的图像用 Image J5.0（the MetaMorph imaging software，Image J5.0）进行处理，分析获得相关的结果。

### 3.2.1.5 半定量 RT-PCR 检测氧化相关基因的 mRNA 表达

在激活后胚胎培养 7 d 后，对胚胎中的基因 *Bax* 和 *Bcl-xL* 的表达进行半定量 PCR 反应检测，以 *β-Actin* 基因作为内参基因。其不同处理组的囊胚用胚胎裂解液（5 mmol · $L^{-1}$ DL-Dithiothreitol，20 U · $mL^{-1}$ RNase Inhibitor，1% Tergitol-type NP-40）进行 RNA 的回收，回收液在 – 80 ℃ 下保存到进行 RT-PCR 反应为止。反转录反应（reverse transcription，RT）用 RT 反应用试剂盒按照说明书进行（the revert aid first strand cDNA synthesis kit，Fermentas 公司）。接着利用获得反转录得到的 cDNA 进行 PCR 反应。其 PCR 反应的条件如下：初始变性温度 94 ℃，5 min；变性温度 94 ℃，30 s，退火温度 54 ~ 56 ℃，30 s，延伸温度 72 ℃，30 s（以此进行 PCR 反应 35 次）；最后延伸温度 72 ℃ 进行 10 min。获得 PCR 产物分别进行琼脂糖电泳，然后用溴化乙锭染色照相，获得的图像用 Image J5.0（the MetaMorph imaging software，Image J5.0）进行处理，分析获得相关的结果。

### 3.2.1.6 TUNEL 方法检测胚胎内细胞凋亡

在胚胎培养 7 d 后，对不同处理获得的囊胚进行收集。先用 PBS 洗 3 次，然后用 4% 的多聚甲醛固定处理 30 min。再用 PBS 洗 3 次后，用 0.1 % 的 Trixon-100 处理 1 h。再用 PBS 洗 3 次后，接着用一步法 TUNEL 细胞凋亡检测试剂盒（货号：C1086，碧云天生物技术有限公司，杭州）进行下面的处理，在处理 1 h 后用 PBS 洗 3 次，用荧光倒置显微镜（EVOS Fl；USA）进行照相。其基本原理如下：胚胎在发生凋亡时，会激活一些 DNA 内切酶，这些内切酶会切断核小体间的基因组 DNA。基因组 DNA 断裂时，暴露的 3′-OH 可以在末端脱氧核苷酸转移酶（terminal deoxynucleotidyl transferase，TdT）的催化下加上绿色荧光探针荧光素（FITC）标记的 dUTP（fluorescein-dUTP），从而可以通过荧光显微镜进行检测。

### 3.2.1.7 荧光定量 PCR 反应检测胚胎中 *Nanog* 基因的表达

定量 PCR 反应利用获得胚胎 cDNA 在定量 PCR 反应仪器（型号：Linegene 9600，博日科技有限公司）进行。实时荧光定量 PCR 检测方法如下按照说明书进行（Fast Start Master SYBR Green I mix； Roche Molecular Biochemicals），其反应体系为 20 μL：2 × 的 Master Mix 10 μL，2，上、下游引物各 0.5 μL，模板 1 μL，然后 Rnase-free 的超纯水补足体系。反应程序为：95 ℃ 预变性 10 min；95 ℃ 变性 5 s，60 ℃ 退火 30 s，35 个循环；然后 70 ℃ 延伸 30 s，95 ℃ 变性 20 s，收集荧光，利用反应中 SYBR green 收集分析荧光的强度。

### 3.2.1.8 实验设计

在卵母细胞体外成熟培养 42 h 后，激活后对获得的胚胎随机分组，按照不同浓度 $V_C$ 添加处理进行分组培养。为研究 $V_C$ 对猪胚胎体外发育的影响，进行如下具体的实验。

实验 1：在 PZM-3 中添加不同浓度 $V_C$，然后分别分成不同处理组（0 μg·mL$^{-1}$、2.5 μg·mL$^{-1}$、5 μg·mL$^{-1}$、10 μg·mL$^{-1}$、20 μg·mL$^{-1}$、40 μg·mL$^{-1}$；处理 A、B、C、D、E、F），然后测定不同处理中胚胎 ROS 水平，具体方法如上所述。

实验 2：研究不同处理组（处理 A、B、C、D、E、F）中胚胎的发育情况，包括统计卵裂率、囊胚率及囊胚平均细胞数。囊胚细胞计数用 Hoechst 3334 染色后，压片照相，统计至少 3 次不同处理组中囊胚的细胞数。

实验 3：用半定量 PCR 的方法对不同处理（处理 A、B、C、D、E、F）中与 ROS 水平相关的基因 *Bax* 和 *Bcl-xL*（以 *β-Actin* 为内参基因）的表达情况。

实验 4：在上述实验的基础上有针对性地选择 3 个实验组（0 μg·mL$^{-1}$、5 μg·mL$^{-1}$、20 μg·mL$^{-1}$）进行如下实验，利用 TUNEL 试剂盒检测 3 个实验组中胚胎发生凋亡的情况，验证与上述基因表达的实验结果的一致性。

实验 5：用 Real-time qRT-PCR 的方法对不同处理（处理 A、B、C、D、E、F）中胚胎的多能性基因 *Nanog*（以 *β-Actin* 为内参基因）的表达进行检验。

### 3.2.1.9 统计学分析

用统计学软件 SPSS 10.0（statistical package for social science）进行方差与 $t$ 检验分析实验数据，其中 $P$ 少于 0.05 标示差异显著。

## 3.2.2 结 果

### 3.2.2.1 不同浓度 $V_C$ 对猪胚胎中 ROS 水平的影响

在激活进行培养后，把处于 2-8 细胞的胚胎收集起来，然后按照上述方法对不同处理组（处理 A、B、C、D、E、F）进行 ROS 水平的测定，结果见图 3.6 利用 Image J5.0 软件对图 3.6 A-F 的荧光强度进行量化分析，获得不同浓度处理组的 ROS 水平结果，通过处理得到量化的直方图（图 3.7），表明 $V_C$ 添加在浓度 $5 \mu g \cdot mL^{-1}$ 以上时，实验组中胚胎内的 ROS 水平是其对照组的 1/5 ~ 2/5。结果显示（图 3.7）：处理 A（$V_C$：$0 \mu g \cdot mL^{-1}$，对照组）中胚胎的 ROS 水平显著高于其余各处理组（$P<0.05$）；处理 B 中胚胎的 ROS 水平又显著高于剩下其余各处理组（处理 C、D、E 和 F）（$P<0.05$）；处理 C 中胚胎的 ROS 水平显著高于处理 E 和 F（$P<0.05$），但是与处理 D 无显著差异（$P>0.05$）；在处理 D、E 和 F 中胚胎的 ROS 水平无显著差异（$P>0.05$）。这说明 $V_C$ 的添加能够显著降低胚胎培养过程中 ROS 的产生，其中以处理 E（$20 \mu g \cdot mL^{-1}$）实验组最能降低胚胎中 ROS 的产生。

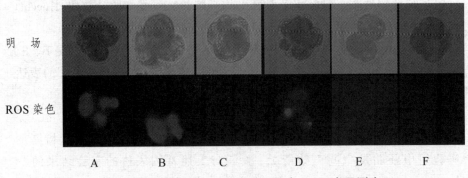

明 场

ROS 染色

A  B  C  D  E  F

**图 3.6 不同浓度 $V_C$ 实验组胚胎中 ROS 水平测定**

A—对照组（处理 A，$0 \mu g \cdot mL^{-1}$）中 4 细胞胚胎的荧光结果；B—处理 B（$2.5 \mu g \cdot mL^{-1}$）中 4 细胞胚胎的荧光结果；C—处理 C（$5 \mu g \cdot mL^{-1}$）中 8 细胞胚胎的荧光结果；D—处理 D（$10 \mu g \cdot mL^{-1}$）中 8 细胞胚胎的荧光结果；E—处理 E（$20 \mu g \cdot mL^{-1}$）中 2 细胞胚胎的荧光结果；F—处理 F（$40 \mu g \cdot mL^{-1}$）中 4 细胞胚胎的荧光结果

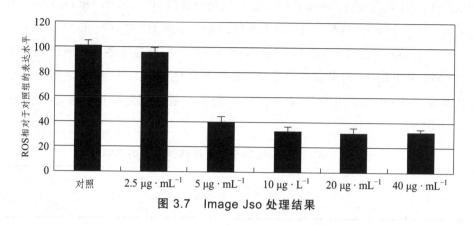

**图 3.7  Image Jso 处理结果**

### 3.2.2.2  不同浓度 $V_C$ 对猪胚胎体外发育的影响

按照实验设计 2 进行以下实验，在胚胎培养 7 d 后，不同处理组中卵裂率和囊胚率的结果如表 3.5 所示。同时，对不同处理组中获得囊胚的细胞进行计数，利用 Hoechst 33342 对不同处理组囊胚进行细胞核染色、压片、照相得到结果如图 3.8 所示。

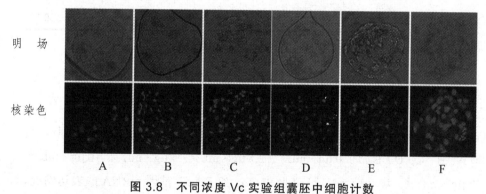

**图 3.8  不同浓度 Vc 实验组囊胚中细胞计数**

A—对照组（处理 A，$0\,\mu g \cdot mL^{-1}$）中囊胚压片细胞计数的荧光结果；B—处理 B（$2.5\,\mu g \cdot mL^{-1}$）中囊胚压片细胞计数的荧光结果；C—处理 C（$5\,\mu g \cdot mL^{-1}$）中囊胚压片细胞计数的荧光结果；D—处理 D（$10\,\mu g \cdot mL^{-1}$）中囊胚压片细胞计数的荧光结果；E—处理 E（$20\,\mu g \cdot mL^{-1}$）中囊胚压片细胞计数的荧光结果；F—处理 F（$40\,\mu g \cdot mL^{-1}$）中囊胚压片细胞计数的荧光结果

实验结果表明：

（1）各处理组在胚胎卵裂率上无显著性差异（$P>0.05$）；

（2）其处理 E 的囊胚率（27.40%）显著高于处理 A（10.46%）、处理 C

（15.64%）和处理 F（17.26%）（$P<0.05$），但是与处理 B（17.63%）和 D（17.43%）无显著性差异（$P>0.05$）。在 Vc 添加处理组（处理 B、C、D、E、F：46.67、52.67、58.00、62.33、56.67）的囊胚中，平均细胞数显著多于对照组处理 A（34.67，$P<0.05$），但是其平均囊胚细胞数在处理 C、D、E 和 F 之间无显著性差异（$P>0.05$），以及处理 B 和 C 的平均囊胚细胞数也无显著性差异（$P>0.05$）。

表 3.5　不同浓度 Vc 对于猪胚胎体外发育的影响

| $V_C$ 浓度 | 培养的胚胎数 | 胚胎分裂率/%（±S.G.） | 囊胚数 | 囊胚率/%（±S.G.） | 平均囊胚细胞数 |
|---|---|---|---|---|---|
| 0 | 123 | 75.61±13.72 | 10 | 10.46±8.38 [a] | 34.67±6.43 [a] |
| 2.5 | 122 | 64.75±7.33 | 14 | 17.63±6.46 [ab] | 46.67±9.02 [b] |
| 5 | 145 | 72.41±9.09 | 16 | 15.64±10.09 [a] | 52.67±3.79 [bc] |
| 10 | 139 | 66.19±6.58 | 16 | 17.43±2.85 [ab] | 58.00±6.25 [c] |
| 20 | 110 | 72.73±3.78 | 22 | 27.40±2.99 [b] | 62.33±2.52 [c] |
| 40 | 128 | 67.12±7.89 | 13 | 17.26±7.52 [a] | 56.67±2.08 [c] |

注：① 上标字母不同表示差异显著（$P<0.05$）。

　　② $n=3$。

### 3.2.2.3　不同浓度 $V_C$ 对胚胎中 *Bcl-xL* 和 *Bax* 基因表达的影响

按照实验设计 3 进行如下实验，用半定量 PCR 的方法分析不同处理组（处理 A、B、C、D、E、F：0 μg·mL$^{-1}$、2.5 μg·mL$^{-1}$、5 μg·mL$^{-1}$、10 μg·mL$^{-1}$、20 μg·mL$^{-1}$、40 μg·mL$^{-1}$）囊胚中 *Bax* 和 *Bcl-xL* 基因 mRNA 的表达情况，其中以 *β-Actin* 作为内参基因，其引物及反应条件见表 3.6。按照上述实验方法，对 PCR 产物进行琼脂糖凝胶电泳后，利用溴化乙啶（EB）染色，照相得到图 3.9（a）的结果。对获得的图像利用 Image J5.0 软件进行分析，至少重复 3 次实验结果，量化分析得到量化的直方图，如图 3.9（b）所示。其结果表明：*Bcl-xL/Bax* 的 mRNA 值在添加 $V_C$ 实验组中显著高于对照组，其区间在 1.5~4 倍之间。图 3.9（b）中实验结果显示：添加 $V_C$ 处理组的胚胎中

*Bcl-xL/Bax* 的表达比例显著高于对照组（处理不添加 $V_C$）（$P<0.05$）；在不同浓度的 $V_C$ 处理中，处理 E 中胚胎的 *Bcl-xL/Bax* 的相对表达量显著高于其余各处理（处理 B、C、D 和 F，$P<0.05$）；同时处理 B 胚胎的 *Bcl-xL/Bax* 的相对表达量显著低于其余添加 $V_C$ 处理组（处理 C、D、E、F，$P<0.05$）；但是在处理 C、D 和 F 之间的 *Bcl-xL/Bax* 的相对表达量无显著性差异（$P>0.05$）。这说明 $V_C$ 的添加能够显著提高胚胎中 *Bcl-xL/Bax* 的相对表达量，其中以 $20\,\mu g \cdot mL^{-1}$（处理 E）最能显著提高的 *Bcl-xL/Bax* 的相对表达量，有利于胚胎抗氧化能力的提高。

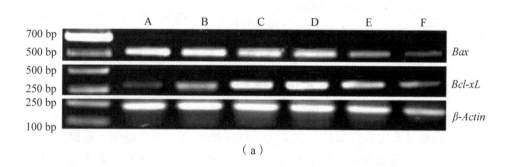

（a）

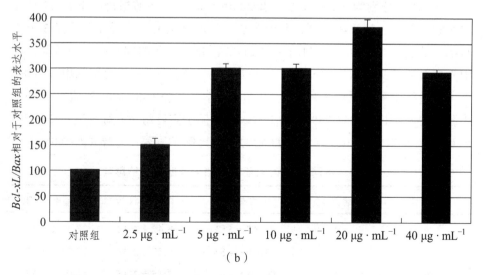

（b）

图 3.9　不同浓度 $V_C$ 对胚胎中 *Bcl-xL* 和 *Bax* 基因表达的影响

表 3.6　在 PCR 反应中涉及的引物序列及反应条件

| 基因名称 | 引物 | 序列（5'-3'） | GenBank 号 | Tm 值/°C | 扩增片段长度/bp |
|---|---|---|---|---|---|
| *Bcl-xL* | Forward | CCCCAGGGACAGCGTATCAG | AF216205 | 55 | 345 |
| | Reverse | AGAGCGAACCCAGCAGAACC | | | |
| *Bax* | Forward | CAGCTCTGAGCAGATCATGAAGACA | XM_001253643 | 55 | 535 |
| | Reverse | GCCCATCTTCTTCCAGATGGTGAGC | | | |
| *β-Actin*[1] | Forward | TACGACTGGCATTGTGC | NM_001170517 | 54 | 360 |
| | Reverse | ATGAAGGAGGGCTGGAA | | | |
| *Nanog* | Forward | TCACCAATGCCTGAGGTTTATG | DQ447201 | 56 | 142 |
| | Reverse | GGGCTTGTGGAAGAATCAGG | | | |
| *β-Actin*[2] | Forward | CTGGACTCTGGAGATGGTGT | EU655628 | 56 | 151 |
| | Reverse | AGTGGTCACGAAGGAGTAGC | | | |

注：① 半定量 RT-PCR 引物；② 实时定量 RT-PCR 引物。

### 3.2.2.4　不同浓度 $V_C$ 对囊胚内细胞凋亡的影响

在上面实验的基础上，通过分析可得出结果：从 $5\ \mu g \cdot mL^{-1}$ 的 $V_C$ 添加开始，能够显著提高胚胎抗氧化能力，同时随着 $V_C$ 浓度增加，其抗氧化能力也增加，但是在 $V_C$ 浓度达 $40\ \mu g \cdot mL^{-1}$ 时，其效果没有显著改变，因此选择 $V_C$ 浓度分别为 $5\ \mu g \cdot mL^{-1}$ 和 $20\ \mu g \cdot mL^{-1}$ 及对照组进行下面 TUNEL 的实验。在上述检测相关凋亡基因表达结果的基础上，针对性地选择 3 个实验组（处理 A、C 和 E），利用 TUNEL 方法检测胚胎内细胞凋亡的情况。其中囊胚总的细胞计数用 Hoechst 33342 染色（蓝色），凋亡的细胞用 TUNEL 试剂盒进行检测（凋亡为绿色）。其结果（表 3.7 和图 3.10）：实验组 E 和 C 中胚胎的凋亡比例（11.94%、12.21%）显著低于实验组 A（对照组：23.17%，$P<0.05$），同时实验组 E 与 C 中胚胎的凋亡比例无显著性差异（$P>0.05$）。

表 3.7　不同浓度 $V_C$ 对于猪胚胎内细胞凋亡的影响

| $V_C$ 浓度 | 囊胚数 | 平均细胞数 | 平均凋亡细胞数 | 凋亡比例/% |
|---|---|---|---|---|
| 0 | 6 | 36.47±513 [a] | 8.45±4.43 | 23.17±3.53 [a] |
| 5 | 16 | 53.83±4.85 [b] | 6.57±3.43 | 12.21±3.15 [b] |
| 20 | 22 | 59.89±3.65 [b] | 7.15±3.35 | 11.94±2.56 [b] |

注：① 上标字母不同表示差异显著（$P<0.05$）。
　　② $n=3$。

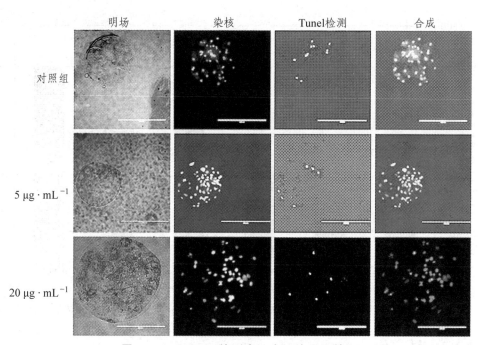

| 明场 | 染核 | Tunel检测 | 合成 |

图 3.10　TUNEL 检测囊胚中细胞凋亡情况

## 3.2.2.5　不同浓度 $V_C$ 对猪胚胎多能性基因 *Nanog* 表达的影响

按照实验设计 4 进行对胚胎中多能性基因 *Nanog* 定量表达分析（其引物参照及反应条件见表 3.6），利用 Real-time qRT-PCR 方法检测不同处理（实验组 A、B、C、D、E 和 F，$V_C$：0 μg·mL$^{-1}$、2.5 μg·mL$^{-1}$、5 μg·mL$^{-1}$、10 μg·mL$^{-1}$、20 μg·mL$^{-1}$、40 μg·mL$^{-1}$）中胚胎的 *Nanog/β-Actin* 表达的变化，结果表明，从处理 C 开始，随着 $V_C$ 浓度的增加，*Nanog/β-Actin* 的表达量也显著增加，直到 $V_C$ 浓度在 20 μg·mL$^{-1}$ 时其 *Nanog/β-Actin* 的表达量达到对照组的 5 倍左右，这种线性关系才予以缓解。其结果（图 3.11）如下：实验组 E 和 F 的 *Nanog/β-Actin* 表达显著高于其他各实验组（实验组 A、B、C、D）（$P<0.05$），同时实验组 C 和 D 的 *Nanog/β-Actin* 表达显著高于实验组 A 和 B（$P<0.05$），但是 A 和 B 的 *Nanog/β-Actin* 的表达量无显著性差异（$P>0.05$）。由此可见，在胚胎中 *Nanog/β-Actin* 的表达量与 $V_C$ 浓度存在剂量效应，从 5 μg·mL$^{-1}$ 以上存在直线相关性。

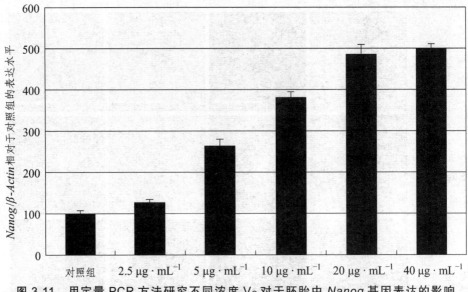

图 3.11　用定量 PCR 方法研究不同浓度 $V_C$ 对于胚胎中 *Nanog* 基因表达的影响

## 3.2.3　讨　论

本研究主要集中于不同浓度 $V_C$ 对于猪胚胎体外发育的影响，具体包括对胚胎中 ROS 水平、胚胎发育的卵裂率及囊胚率和囊胚细胞数、囊胚中凋亡相关基因（*Bcl-xL/Bax*）的相对表达以及多能性基因 *Nanog* 表达的影响。

维生素 C 是一种常见的小分子化合物，能够促进细胞抗氧化体系的反应，保护细胞免受活性氧的损伤。最近有研究发现，在细胞培养液中添加 $V_C$ 能够通过减少细胞培养过程中细胞内的 ROS 水平，大大促进小鼠和人的 iPS 细胞的诱导效率及提高 iPS 细胞的质量（Esteban, Wang et al., 2010）。实验 1 的研究结果（图 3.6）表明：添加 $V_C$ 实验组中胚胎与对照组相比，能够显著降低 ROS 的产生（$P<0.05$），同时在不同浓度 $V_C$ 添加实验组中，处理 D、E 和 F 之间无显著性差异（$P>0.05$），但是其 ROS 水平低于其他实验组。同时，其结果（图 3.6）也表明，从 $V_C$ 添加 5 $\mu g \cdot mL^{-1}$ 开始，ROS 水平开始显著低于对照组（$P<0.05$），而且处理 D 和 E（20 $\mu g \cdot mL^{-1}$ 和 40 $\mu g \cdot mL^{-1}$）的 ROS

水平基本是对照组的 1/3 左右，这个结果类似于报道的文献（Wang, Falcone et al., 2002）。这与上述报道的 $V_C$ 添加能够减少 ROS 水平的结论是一致的（Esteban, Wang et al., 2010）。

有研究发现，在猪胚胎培养液中添加非必需氨基酸（nonessential amino acids, NEAA）能够通过减少胚胎中 ROS 的产生，提高孤雌胚胎和体细胞核移植胚胎发育的囊胚率，同时这些囊胚与对照组相比具有更好的孵化率和囊胚细胞数（Gupta, Uhm et al., 2008）。

本研究结果（表 3.5 和图 3.8）表明：尽管添加 $V_C$ 实验组中胚胎的卵裂率与对照组无显著性差异（$P>0.05$），但是在平均囊胚细胞数上，都显著多于对照组（$P<0.05$），其中以处理 E（$V_C$ 20 μg·mL$^{-1}$）胚胎的平均囊胚细胞数最多，同时处理 E 的囊胚率也显著高于对照组（24.40%、10.46%，$P<0.05$）。这说明在胚胎培养液中添加抗氧化物质能够有效提高猪胚胎在体外的发育效率及其质量。

为了进一步研究 $V_C$ 作用于胚胎的分子机制，研究 $V_C$ 对于胚胎中与氧化引起凋亡相关基因表达的影响。其研究结果（图 3.9）表明，添加 $V_C$ 实验组中胚胎的 Bcl-xL/Bax 基因的相对比值显著高于对照组，而且其中以处理 E（$V_C$ 20 μg·mL$^{-1}$）作用最佳，是对照组表达的 4 倍左右。进一步的 TUNEL 凋亡分析胚胎实验结果（表 3.7 和图 3.10）发现，在针对性选择的 3 个实验组中，添加 $V_C$ 实验组胚胎凋亡比例显著低于对照组（$V_C$ 0 μg·mL$^{-1}$），同时处理 E（$V_C$ 20 μg·mL$^{-1}$）中胚胎的凋亡比例显著低于处理 C（$V_C$ 5 μg·mL$^{-1}$）。已有很多研究表明，Bcl-xL 基因的表达与抗氧化呈正相关，而 Bax 基因的表达呈负相关，两者的比值与其抗氧化能力呈正相关（Cory and Adams, 1998）。同时也有很多研究发现，Bcl-xL/Bax 表达的比值是细胞存亡的决定因素，其值的大小与细胞的增殖及抗氧化能力存在正相关性（Oltvai, Milliman et al., 1993; Hockenbery, Oltvai et al., 1993; Korsmeyer, Shutter et al., 1993; Cory and Adams, 1998）。另外，有研究发现在胚胎培养液中添加抗氧化物质硒，能够通过保护胚胎免受活性氧的损伤，提高胚胎的发育效率及囊胚的质量，同时提高胚胎中 Bcl-xL/Bax 基因表达的比值（Uhm, Gupta et al., 2007）。在此实验基础上，利用 TUNEL 方法有针对性地选择 3 组（处理 A、C 和 E）进行胚胎内细胞数凋亡实验。研究发现，处理 E 和 C 实验组中细胞凋亡的比例显著低于对照组（处理 A），这与上述有关凋亡氧化相关基因的表达结果是一致的。

因此，结果表明，通过添加 $V_C$ 能够有效增强胚胎抗氧化能力，减少囊胚内细胞凋亡的发生。

为进一步研究 $V_C$ 对胚胎质量的影响，选择研究 $V_C$ 猪囊胚阶段表达的多能性基因 *Nanog* 的影响，其结果（图 3.11）发现，从添加 $V_C$ 5 μg·mL$^{-1}$ 开始的实验组，其胚胎中 *Nanog* 的表达显著高于对照组（$P<0.05$），同时发现处理 E 和 F 的 *Nanog* 表达量是对照组的 4 倍左右。也有研究发现，在猪的胚胎发育过程中不表达 *Nanog* 基因，只有在孵化或附植后才进行表达，但 *Nanog* 基因会在囊胚阶段的内细胞团进行表达（Kuijk, Du Puy et al., 2008; Wolf, Serup et al., 2011）。在猪胚胎培养液中添加维 A 酸（Vitamin A acid, VPA）能够显著提高猪核移植胚胎的囊胚发育率，同时也能提高其囊胚中 *Nanog* 的表达（Cloos, Christensen et al., 2008; Miyoshi, Mori et al., 2010）。这些结论与本研究的结论是一致的。

### 3.2.4 小 结

综上所述，不同浓度的 $V_C$（以 20 μg·mL$^{-1}$ 浓度作用最佳）能够通过减少胚胎中 ROS 的产生，同时能够提高囊胚中抗氧化凋亡相关基因 *Bcl-xL/Bax* 的相对表达，减少囊胚中细胞凋亡的发生，而且还能进一步促进囊胚中 *Nanog* 基因的表达，最终促进猪胚胎在体外的发育。为此，在猪胚胎体外培养液中添加 $V_C$ 这种合适的小分子化合物，能够提高胚胎在体外的发育效率。

## 3.3 猪无透明带卵不同孤雌激活方法研究

孤雌生殖指无雄性配子的任何作用、由雌性配子产生的胚胎，不论其是否发育成个体，称为孤雌生殖。自然情况下或体外受精时，精子的进入会启动 MII 期卵母细胞继续发育，这一过程称为卵母细胞的激活。卵母细胞的激活包括一系列级联的形态和生理变化。钙离子振荡和钙波是激活过程的初始信号，随后引起包括皮质颗粒（CG）释放、细胞内 pH 改变、母源 mRNA 的补充等一系列激活反应，最终导致原核形成、DNA 合成起始和卵裂（陈大元，2000）。在体外也可以通过物理刺激和化学刺激使处于 MII 期的卵母细胞激活。物理激活一般有温度刺激和机械刺激，化学刺激一般有蛋白质合成抑制剂及蛋白磷酸化抑制剂、离子载体处理、酶刺激等。从目前的应用情况看，电脉冲刺激是应用最为广泛的卵母细胞激活方法，此外乙醇、钙离子载体、6-DMAP、CHX 等也可用于卵母细胞激活（Jung, Fulka et al., 1993； Kim and Menino, 2005）。对于猪卵母细胞的激活而言，有使用化学试剂激活卵母细胞的报道（Kühholzer., Hawley et al., 2001），但大多学者仍倾向于使用电激活，并认为电激活足以使猪卵母细胞充分激活（Bondioli, Ramsoondar et al., 2001）。但对于猪无透明带卵的激活，在实际操作中用电激活容易造成卵的裂解，因为缺少透明带的保护。由于无透明带核移植技术的成功应用及其独特的优点，人们对于无透明带技术越来越重视（Vajta, Peura et al., 2000； Vajta, Lewis et al., 2001； Peura 2003； Vajta, Lewis et al., 2003）。

本实验的目的是通过对离子霉素不同处理时间、不同处理浓度及不同基础培养基的研究，确定适合于猪无透明带卵激活的方法，为以后进一步的相关实验和研究积累资料。

## 3.3.1　材料与方法

### 3.3.1.1　试剂与用品

研究中所用试剂除特别指明外，均购自 Sigma 公司。TCM199 粉剂及 TCM199 原液购自 Gibco 公司；FBS 购自 Hyclone 公司；PMSG、HCG、FSH 购自宁波激素制品厂；洗卵液为添加 10% NBS 的 PBS（–）（自配）。电融合液（cytofusion medium formula C）和电融合仪（PA-4000 型）购自 Cyto Pulse Sciences 公司；NCSU-23 自配（配 1 000 mL 含 NaCl 6.35 g、KCl 0.356 g、$KH_2PO_4$ 0.162 g、$MgSO_4 \cdot 7H_2O$ 0.294 g、$NaHCO_3$ 2.106 g、Glutamine 0.146 g、Glucose 1.0 g、Taurine 0.876 g、Hypotaurine 0.545 g、$CaCl_2 \cdot 2H_2O$ 0.189 g、BSA（F-5）4.0 g、0.5%Phenol Red 1.0 mL、Penn 0.078 125 g、Strep 0.1 g、Cysteine 0.1 g）。

### 3.3.1.2　猪卵巢的采集及运输

猪卵巢采集于某屠宰场，采集卵巢个体的年龄、遗传背景、妊娠与否不详。采集卵巢置于 35 ~ 39 ℃ 加双抗的生理盐水中，于 4 h 内运回实验室。

### 3.3.1.3　猪卵母细胞的采集与体外成熟培养

用抽吸法采集卵巢卵母细胞。去除卵巢上附着的输卵管等组织,用加双抗的生理盐水清洗 3 次后,用带有 12# 针头的 10 mL 注射器抽吸卵巢表面 2 ~ 8 mm 卵泡的卵泡液, 在体视显微镜下检出卵母细胞。检卵时按卵丘细胞多少及胞质明暗分为 3 类:A 类卵母细胞含有 5 层以上卵丘细胞, 胞质均匀,较暗;B 类卵母细胞包有 1 ~ 4 层卵丘细胞;C 类为胞质不均或只有少许卵丘细胞的畸形卵、裸卵和半裸卵。选择 A、B 类卵母细胞, 用洗卵液和成熟培养液分别清洗 3 次后进行体外成熟培养。成熟培养液为改良 TCM199 (TCM199 添加 0.1% PVA、0.57 mmol·L$^{-1}$ 半胱氨酸、3.05 mmol·L$^{-1}$ 葡萄糖和 0.91 mmol·L$^{-1}$ 丙酮酸钠) + 10 IU·mL$^{-1}$ PMSG + 10 IU·mL$^{-1}$ hCG + 2.5 IU·mL$^{-1}$ FSH)。培养条件为 39 ℃、5%CO$_2$ 和饱和湿度。培养 44 h 后用 0.3%透明质酸酶(无 Ca$^{2+}$、Mg$^{2+}$ 的 PBS 液配制)于 37 ℃ 消化 3 ~ 5 min, 辅以适当口径玻璃管反复吹打, 去除卵丘细胞, 判定成熟情况。卵母细胞成熟以排出第一极体为标准, 并结合成熟卵形态学进行评价。

### 3.3.1.4　猪无透明带卵的准备

选择成熟的卵母细胞(以排出第一极体为标志), 把去除卵丘细胞的卵母细胞放入链霉蛋白酶(5 mg·mL$^{-1}$)的操作液中, 直到透明带开始溶解(一般 1 ~ 3 min)。最后把无透明带的卵母细胞放入高浓度 BSA (20 mg·mL$^{-1}$) 的 TCM199 液中, 备用。

### 3.3.1.5　猪无透明带卵的孤雌激活与体外培养

按照实验设计, 用 10 μmol·L$^{-1}$ 离子霉素处理不同时间后用培养液洗 3 次, 然后用 2 mmol·L$^{-1}$ 6-DMAP 处理后再用培养液洗 3 次。按照实验设计对猪无透明带卵分别用不同浓度离子霉素进行处理, 然后用 2 mmol·L$^{-1}$ 6-DMAP 处理后再用培养液洗 3 次。激活的卵母细胞用含 4% BSA 的 NCSU-23 进行单个胚胎的微滴培养。按照实验设计对激活后的卵母细胞用不同胚胎培养液进行微滴培养。培养 40 h 后统计卵裂数。

### 3.3.1.6　实验设计

实验 1：实验目的是研究离子霉素不同处理时间对无透明带卵孤雌激活的影响。用 10 μmol·L$^{-1}$离子霉素分别处理成熟的卵母细胞 3 min、5 min、7 min、10 min，然后用含 2 mmol·L$^{-1}$ 6-DMAP 的 4% BSA NCSU-23 进行培养 2 h。激活后用 NCSU-23 + 4% BSA 培养，每 2 d 半量换液 1 次。

实验 2：实验目的是研究离子霉素不同浓度对无透明带卵孤雌激活的影响。用 5 μmol·L$^{-1}$、10 μmol·L$^{-1}$、15 μmol·L$^{-1}$离子霉素分别处理成熟的卵母细胞 5 min，然后用含 2 mmol·L$^{-1}$ 6-DMAP 的 4% BSA NCSU-23 进行培养 2 h。激活后用 NCSU-23 + 4% BSA 培养，每 2 d 半量换液 1 次。

实验 3：实验目的是研究不同基础胚胎培养基添加物对猪无透明带卵激活的影响。在上述实验的基础上选择最佳离子霉素处理浓度和时间激活，然后用 NCSU-23 + 4% BSA 培养和 TCM199 + 4% BSA 进行培养，每 2 d 半量换液 1 次。

### 3.3.1.7　数据处理

用 $t$ 检验对结果进行差异显著性分析。

## 3.3.2　结　果

### 3.3.2.1　离子霉素处理不同时间对猪无透明带卵母细胞激活的影响

按照实验设计中实验 1 进行操作，结果见表 3.8。

表 3.8　离子霉素不同处理时间对猪无透明带卵母细胞激活的影响

| 处理时间/min | 处理卵数 | 裂解卵数及裂解率/% | 卵裂胚数及卵裂率/% |
| --- | --- | --- | --- |
| 3 | 47 | 0（0.0）[a] | 17（36.17）[a] |
| 5 | 54 | 0（0.0）[a] | 35（64.81）[a] |
| 7 | 33 | 2（0.0）[a] | 23（66.67）[b] |
| 10 | 48 | 4（0.0）[a] | 33（68.75）[b] |

注：同列上标字母不同表示有显著性差异，a and b，$P<0.05$，下表同。

### 3.3.2.2 离子霉素处理不同浓度对猪无透明带卵母细胞激活的影响

按照实验设计中实验 2 进行操作，结果见表 3.9。

**表 3.9 离子霉素不同处理时间对猪无透明带卵母细胞激活的影响**

| 处理浓度/$\mu mol \cdot L^{-1}$ | 处理卵数 | 裂解卵数及裂解率/% | 卵裂胚数及卵裂率/% |
|---|---|---|---|
| 5 | 37 | 0（0.0）[a] | 15（40.54）[a] |
| 10 | 44 | 0（0.0）[a] | 30（68.18）[b] |
| 15 | 43 | 1（0.0）[a] | 28（65.11）[b] |

### 3.3.2.3 不同基础胚胎培养液对猪无透明带卵母细胞激活的影响

按照实验设计中实验 3 进行操作，结果见表 3.10。

**表 3.10 不同基础胚胎培养基添加物对无透明带猪卵母细胞激活的影响**

| 培养液 | 培养胚数 | 裂解卵数及裂解率/% | 卵裂胚数及卵裂率/% | 16 细胞以上数量及所占比例/% |
|---|---|---|---|---|
| NSCU-23 + 4% BSA | 54 | 0（0.0）[a] | 37（68.51）[a] | 12（22.22） |
| TCM-199 + 4% BSA | 48 | 0（0.0）[a] | 30（62.50）[a] | 10（20.83） |

## 3.3.3 讨 论

许多人工方法都可诱导卵母细胞产生受精样的 $Ca^{2+}$ 波，使休止于 MⅡ 期的卵母细胞激活。离子霉素（ionomycin）是一种高效的 $Ca^{2+}$ 载体，能够动员细胞内 $Ca^{2+}$ 的释放，并且依次激发后期 $Ca^{2+}$ 的内流（Morgan and Jacob, 1994），引起细胞内 $Ca^{2+}$ 浓度升高，使得卵母细胞退出 MⅡ 期，被激活（Jones, 1995）。但是离子霉素一般只引起激活的早期反应，因此要与蛋白合成抑制剂如 6-DMAP 或 CHX 等联合使用（Loi, Ledda et al., 1998）。因为 6-DMAP 是蛋白质磷酸化的抑制剂，它能阻止蛋白质的磷酸化而抑制 MPF 和 CSF 的活性，同时抑制了纺锤体形成时微管蛋白的磷酸化而抑制极体的排出，使得形成二倍体（Ozil and Huneau, 2001）。另外，6-DMAP 对卵母细胞的激活作用在于维持 p34cdc2 的磷酸化和抑制 cyclin B 的磷酸化，抑制 MPF 的活性；同时 cyclin B 的降解使得 MPF 活性下降，使得卵母细胞由 MⅡ 期向末期发展，导致激活（Marques, Nascimento et al., 2011）。本实验对比了离子霉素不同处理时间、不同处理浓度及不同基础培养基对猪无透明带卵孤雌激活的影响。本研究的结果表明：①同一种激活方法，不同激活参数组合对猪无透明带卵孤雌激活有很大的影响。因此，为了最大限度地提高猪无透明带卵的激活率及其孤雌胚体外发育潜力，必须选择最佳的激活参数；②对于目前猪重构胚体外培养常用的 2 种培养基进行研究发现，它们都能够有效支持胚胎的进一步发育（68.51%/22.22%，62.50%/20.83%）。

总之，用离子霉素联合 6-DMAP 进行处理能够激活无透明带猪卵母细胞，其中以 10 μmol·L$^{-1}$ 离子霉素处理 5 min，联合 6-DMAP 处理 2 h，能够有效激活猪卵母细胞。猪无透明带卵母细胞孤雌激活方法的研究为以后进一步的相关实验和研究积累了资料。

## 3.3.4　小　结

研究了离子霉素处理时间、处理浓度和不同胚胎基础培养基对猪无透明带卵孤雌激活的影响。结果表明：

（1）10 μmol·L$^{-1}$ 离子霉素处理 5 min、7 min、10 min 的激活率（64.81%、（66.67%、68.75%）差异不显著（$P > 0.05$），但显著高于处理 3 min 的激活率（36.17%）。

（2）分别以 10 μmol·L$^{-1}$、15 μmol·L$^{-1}$ 离子霉素处理 10 min 的激活率（68.18%、65.11%）差异不显著（$P > 0.05$），但显著高于 5 μmol·L$^{-1}$ 的激活率（40.54%）（$P < 0.05$）。

（3）分别以 NCSU-23 + 4% BSA 和 TCM199 + 4% BSA 作为基础培养基进行培养，其激活率（68.51%、62.50%）无显著差异（$P > 0.05$）。

实验结果表明：10 μmol·L$^{-1}$ 离子霉素处理 5 min，联合 2 mmol·L$^{-1}$ 6-DMAP 处理 2 h 激活，以 NCSU-23 + 4% BSA 为胚胎基础培养基，能有效提高猪无透明带卵孤雌激活的激活率。

# 4 猪重构胚胎体外生产技术研究

## 4.1 猪成纤维细胞和颗粒细胞的分离和培养

自体细胞克隆羊出生以来，核移植技术引起了广泛的关注。之后短短几年内，又分别得到了小鼠、牛、山羊、猪和兔等多种动物体细胞克隆后代，证明哺乳动物已分化的细胞也可以在卵母细胞质作用下发生重新编程，完成直到个体的发育过程。鉴于体细胞克隆技术在动物繁殖和人类疾病治疗领域的广阔应用前景，与体细胞克隆技术相关的体细胞培养也日益受到重视。但是目前，关于体细胞培养方面的研究多侧重于细胞周期的控制和测定，很少对体细胞的分离和培养进行研究，尤其是猪体细胞的研究则更少（Harrison, Guidolin et al., 2002）。

本实验分别以猪的胎儿为材料，进行胎儿成纤维细胞的分离，并进行传代培养和冷冻保存；同时用成熟培养后卵母细胞的颗粒细胞进行培养，为后期猪体细胞核移植研究提供核供体细胞。

## 4.1.1 材料和方法

### 4.1.1.1 试剂与用品

本研究所用试剂除特别指明外，均购自 Sigma 公司。M199 和 DMEM 购自 Gibco 公司；胰蛋白酶购自 Serva 公司；新生牛血清（NBS）购自北京元亨圣马生物技术研究所；抗生素国产；四蒸水自制；$\phi$3.5 cm 塑料皿购自 Nunc 公司；玻璃平皿国产；核型分析试剂国产。

### 4.1.1.2 实验材料

屠宰后猪的胎儿（3~5 周龄）和猪的卵巢自屠宰场收集，实验材料置于含双抗的生理盐水中运回实验室。

### 4.1.1.3 颗粒细胞的分离与培养

（1）将成熟后的卵母细胞转入 1 mL 的离心管中（有 1 mL M199 + 10% NBS），充分吹打使颗粒细胞完全脱落。

（2）用吸管把离心管中的培养液吸入检卵碗中，用吸胚管吸取卵母细胞，转入另一个检卵碗中，剩下的培养液与颗粒细胞一起转入四孔板的孔中，置于培养箱（37 ℃、5% $CO_2$、饱和湿度）进行培养。

（3）2 d 后（组织已贴壁），轻轻吸去原培养液，再缓慢加入 2 mL 新鲜培养液培养。

（4）以后每 2 d 更换一次培养液，并观察细胞由组织块周边出现及生长情况，至细胞铺满皿底时可进行继代培养。

### 4.1.1.4 猪胎儿成纤维细胞的分离

胎儿成纤维细胞用以下步骤分离：

（1）将采集到的猪胎儿用含双抗的 PBS（－）充分清洗 5 次以上，去除内脏，再用眼科剪充分剪碎。

（2）向剪碎的胎儿组织中加入 4 mL 含 0.25%胰酶和 0.04% EDTA 的 PBS（－）消化液，室温下消化，同时进行观察，发现在细胞培养液中出现大量微小颗粒时，终止消化。

（3）加入 4 mL 培养液（M199 + 10% NBS）终止消化。

（4）将细胞/细胞团块液用孔径 100 μm 滤纱过滤，1 000 r/min 离心 5 min。

（5）弃去上清液，加入细胞培养液重新制成细胞悬液（$1 \times 10^5 \sim 1 \times 10^6$ 个·$mL^{-1}$）。

（6）取 2 ~ 3 mL 移入直径 7 cm 培养皿中，并加入 4 mL 培养液，于培养箱中培养（37 ℃、5% $CO_2$、饱和湿度）。

（7）培养 2 h 后，吸去原培养液，用 PBS（－）洗 3 次后，加入新鲜培养液继续培养。

（8）以后每 2 d 更换一次培养液，并观察细胞生长情况，见细胞连生铺满皿底后可进行继代培养。

### 4.1.1.5 成纤维细胞的继代培养

原代胎儿/成体成纤维细胞连生铺满皿底时，进行继代培养，步骤如下：

（1）吸去培养液（成体原代成纤维细胞去除组织块），用 PBS（－）清洗培养细胞表面 3 次。

（2）加入适量的细胞消化液，在室温下消化，于倒置镜下观察，见细胞收缩，细胞间出现间隙、部分细胞变圆脱离皿底时（一般需 2~4 min），加入等量培养液中止消化，并反复吹打皿底成单细胞悬液。

（3）将细胞悬液移入离心管，1 000 r/min 离心 5 min，弃去上清液，加入培养液制成细胞悬液。

（4）以培养皿 1∶3 比例，将悬液分入 3 个平皿中，加入适量培养液，摇匀后置于培养箱培养。

（5）以后每 2 d 换液 1 次，待细胞连生铺满皿底时可进行继代培养或冷冻保存。

### 4.1.1.6　成纤维细胞的冷冻保存与解冻

细胞经传代连生铺满皿底后，用与传代培养相同的方法消化收集细胞，用细胞冷冻液（M199 + 10% NBS + 10% DMSO）制成悬液，调整细胞浓度为 $1 \times 10^7$ 个·$mL^{-1}$，以每管 1 mL 移入细胞冷冻管，4 ℃ 平衡 30 min 后，于液氮气相（－70 ℃）熏蒸 24 h，直接投入液氮保存。

解冻时将细胞冷冻管取出，迅速放入 37 ℃ 水浴中解冻。待冰块融化后，将细胞悬液移入离心管，并加入 8 mL 培养液，1 000 r/min 离心 5 min，弃去上清液，用继代培养方法制成悬液培养。

## 4.1.2　结　果

### 4.1.2.1　颗粒细胞的分离和培养

原代颗粒细胞刚接种后呈现圆球形，悬浮（图 4.1）。接种后 30 min，可见少量细胞开始贴壁，以伪足初期附着，与培养皿形成一些接触点（图 4.2）。细胞刚贴壁时呈短梭形或多角形，排列不规则，颜色较深，细胞膜明显，随着时间延长逐渐呈放射状展开，细胞体的中心部也随之变平。不断增殖后的细胞，以长梭形或多角形为主，立体感强，界限明显，可以进行传代培养。一般 5~6 d 后可连生铺满皿底，细胞排列有序，呈放射状、漩涡状或栅栏状（图 4.3），可用于进行继代培养。

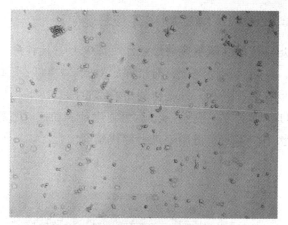

图 4.1　接种的颗粒细胞（×50）

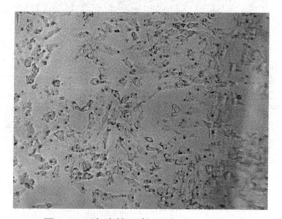

图 4.2　贴壁的颗粒细胞（×100）

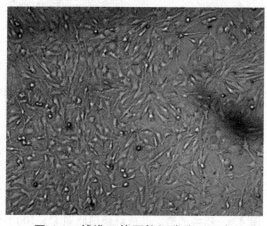

图 4.3　铺满皿的颗粒细胞（×50）

## 4.1.2.2 猪胎儿成纤维细胞的分离与培养

原代猪胎儿成纤维细胞刚接种后悬浮（图 4.4）。接种后，逐渐可见少量细胞开始贴壁，以伪足初期附着，与培养皿形成一些接触点（图 4.5）。随着时间延长逐渐呈放射状展开，细胞体的中心部也随之变平，最后成为梭形、条形的成纤维细胞形态。一般 5～6 d 后可连生铺满皿底，细胞排列有序，呈放射状或栅栏状（图 4.6），可用于进行继代培养。

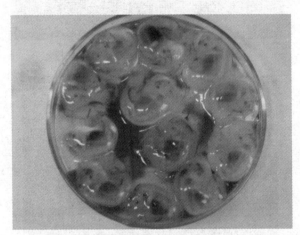

图 4.4　获得成纤维细胞的猪胎儿（×100）

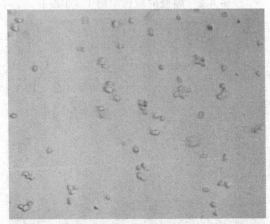

图 4.5　接种的猪胎儿成纤维细胞图（×100）

**图4.6  连生的猪胎儿成纤维细胞（×100）**

### 4.1.2.3  猪胎儿成纤维细胞的冷冻保存与解冻

对猪胎儿成纤维细胞进行解冻后可以存活，培养 3～5 d 后连生铺满皿底。因此，此方法可用于传代或冷冻保存。

## 4.1.3  讨  论

### 4.1.3.1  猪胎儿成纤维细胞和颗粒细胞的分离与培养

分离单细胞的细胞原代培养方法主要有 2 种，即室温消化法与常规的热消化法。本实验中猪胎儿成纤维细胞分离培养采用室温消化法，室温消化方法优于常规热消化法的原因在于以下几个方面：① 热消化法用 37 ℃ 进行消化，此时胰酶的活性最强，而胚胎组织比较娇嫩，细胞容易受到损伤；② 室温消化可以准确控制消化的时间和程度，整个消化过程可在超净台日光灯下直接观察，当看见细胞液里有大量细微颗粒时可及时终止消化，避免消化时间过长，消化过度（图 4.3）；③ 整个消化过程均可在超净台上完成，不用离开无菌环境，减少了污染的机会；④ 用轻轻吹打的方法代替搅拌器，简化了操作程序，减少了操作时间（Boquest, Grupen et al., 2002）。

可见，室温消化法与常规的热消化法相比，是一种能够获得高成活率、高收获量、细胞形态和生长状况良好的体细胞培养方法。

### 4.1.3.2 成纤维细胞的冷冻保存

细胞的冷冻保存在细胞分离和培养中非常重要，分离到的细胞只有在超低温下才可以长期保存并保持其活力。由于细胞内组成成分绝大部分为水，因此在细胞冷冻保存时应尽可能减少细胞内水分，减少细胞内冰晶形成对细胞造成损伤。目前常用的冷冻保护剂有甘油、DMSO、乙二醇（EG）等，这些物质对细胞毒性较小，相对分子质量小，溶解度大，易穿透细胞，使冰点下降，提高细胞膜对水的通透性，减少冷冻过程中细胞的损伤。在冷冻过程中应慢速降温，使细胞内水分渗出细胞外，在胞外形成冰晶，从而减少细胞损伤，提高细胞冷冻后复苏存活率。从本实验中解冻结果看，以 M199 + 10% NBS + 10% DMSO 为冷冻液，经 4 ℃ 30 min，– 70 ℃ 24 h，再投入液氮保存细胞，可以用于细胞冷冻保存（Cheong, Park et al., 2002）。

## 4.1.4 结 论

（1）利用成熟后卵母细胞的颗粒细胞，可快速进行颗粒细胞的分离与培养。

（2）用室温消化法可以分别获得猪胎儿成纤维细胞。

# 4.2 猪体细胞核移植研究

随着 Dolly 羊的诞生，其他动物的克隆研究也获得了很大的发展。同样，从 2000 年世界上首例克隆猪诞生以来，很多国家如美国、日本等相继成功克隆出体细胞核移植猪，但从研究的总体效率上来讲并不高，因此设法提高猪体细胞核移植的效率至关重要。进行猪的克隆研究的意义在于进行异种器官移植，用该技术生产敲除与排斥反应有关基因的转基因猪，将其器官应用于人类临床医学的相关研究，将表现出更为巨大的社会和经济价值（张运海，潘登科等，2006）。2003 年，Sanghwan Hyun 等率先克隆出了表达强荧光蛋白的转基因猪（Hyun, Lee et al., 2003）。Ramsoondar 等克隆出了敲除 $\alpha$-1, 3-半乳糖苷转移酶基因的克隆猪，从而为人类培育异种器官移植猪迈进了一大步（Ramsoondar, J J et al., 2003）。目前，通过核移植生产克隆动物的方法有 2 种，即融合法和胞质注射法。Wakayama 等采用后一种方法克隆出小鼠，并且认为：使用胞质注射的方法，相对于电融合法来说，对卵母细胞和供体核的操作变得快速有效，减轻了对两者的损伤，而且进入卵母细胞内的体细胞质的数量较少，从而减少了体细胞质对重组胚发育的不利影响（Wakayama, Perry et al., 1998）。Onishi 等把猪胎儿成纤维细胞的核注射到去核卵母细胞中，采用一个强电脉冲激活卵母细胞，得到了克隆猪，说明胞质内体细胞核注射的方法同样适用于大型动物的克隆（Onishi, Iwamoto et al., 2000）。本研究用胞质注射的方法，比较不同供核细胞、是否经血清饥饿的供核细胞，以及在核移植不同时间后进行激活对重构胚发育的影响，为进一步提高猪体细胞核移植的效率提供研究基础。

## 4.2.1  材料与方法

### 4.2.1.1  试剂和用品

所用试剂除特别指明外，均购自 Sigma 公司。TCM199 粉剂及 TCM199 原液购自 Gibco 公司；FBS 购自 Hyclone 公司；PMSG、HCG、FSH 购自宁波激素制品厂；显微操作仪为 Leiz 公司产品。

### 4.2.1.2  猪卵母细胞采集与体外成熟

猪卵巢采集于某屠宰场，采集卵巢个体的年龄、遗传背景、妊娠与否不详。采集卵巢置于 30～39 ℃加双抗的生理盐水中，于 4 h 内运回实验室。

用抽吸法采集卵巢卵母细胞。去除卵巢上附着的输卵管等组织，用加双抗的生理盐水清洗 3 次后，用带有 12# 针头的 10 mL 注射器抽吸卵巢表面 2～8 mm 卵泡的卵泡液，在体视显微镜下检出卵母细胞。检卵时按卵丘细胞多少及胞质明暗分为 3 类：A 类卵母细胞含有 5 层以上卵丘细胞，胞质均匀，较暗；B 类卵母细胞包有 1～4 层卵丘细胞；C 类为胞质不均或只有少许卵丘细胞的畸形卵、裸卵和半裸卵。选择 A、B 类卵母细胞，用洗卵液和成熟培养液分别清洗 3 次后进行体外成熟培养。培养条件为 39 ℃、5% $CO_2$ 和饱和湿度。培养 44 h 后用 0.3%透明质酸酶（无 $Ca^{2+}$、$Mg^{2+}$ 的 PBS 液配制）于 37 ℃ 消化 3～5 min，辅以适当口径玻璃管反复吹打，去除卵丘细胞，判定成熟情况。卵母细胞成熟以排出第一极体为标准，并结合成熟卵形态学进行评价。以 mM199（modified TCM199）+ 10 IU · mL$^{-1}$ PMSG + 10 IU · mL$^{-1}$ hCG + 2.5 IU · mL$^{-1}$ FSH 为成熟培养液，体外成熟培养 43～44 h，具体操作方法如前所述。

### 4.2.1.3　供核细胞的培养与制备

按照常规方法分离培养的猪颗粒细胞和猪胎儿成纤维细胞（2～5代）为核供体，在核移植前4 h消化为单个细胞，室温下放置备用（图4.7）。

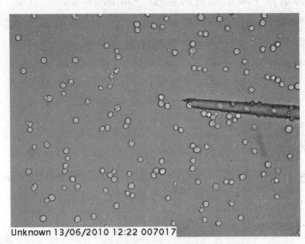

**图4.7　单个的供核细胞(×100)**

### 4.2.1.4　卵母细胞的去核操作

选择成熟的猪卵母细胞（以排出第一极体为标准，见图4.8），用盲吸＋Hoechst 33342检查法进行去核[详细去核过程见图4.9（a）]。卵母细胞在含5 μg·mL$^{-1}$细胞松弛素B（CCB）和5 μg·mL$^{-1}$ Hoechst 33342的培养液内

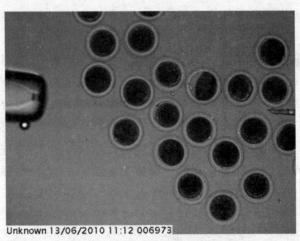

**图4.8　成熟卵母细胞（排出第一极体）(×100)**

培养 15 min 后，移入预先制作好的操作滴（TCM199），用 Leiz 显微操作仪进行去核操作。在显微镜下用固定管从极体对侧固定卵母细胞，用外径 20～25 μm 的斜口去核管吸出极体及附近少许胞质，用荧光显微镜检查确认去核是否完全。

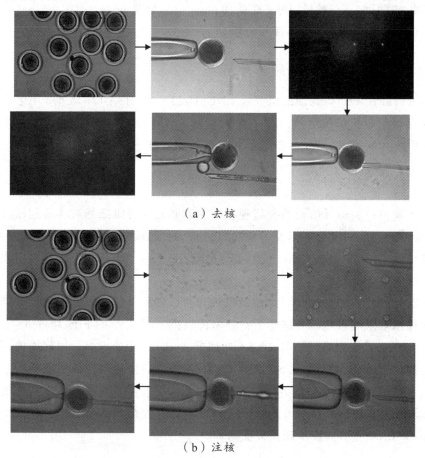

（a）去核

（b）注核

图 4.9　体细胞核移植去核和注核操作过程（×100）

## 4.2.1.5　核供体细胞的注射

采用胞质内直接注射法进行核供体细胞注射。在显微镜下用 10～15 μm 注射针反复抽吸核供体细胞，使其细胞膜破裂成为核胞体，通过显微操作将核胞体直接注入去核卵母细胞质内[详细注核过程见图 4.9（b）]。注射完成后在操作液中培养 30 min，检测卵母细胞质膜完整性，弃去裂解卵，对完整的存活卵进行激活操作。

### 4.2.1.6　激　活

激活于胞质注射后进行，采用电激活-化学激活联合的方法激活重组卵。先给予 1 个 10 V 5 s 的交流脉冲，之后给予 2 次间隔 3 s 的 120 V·mm$^{-1}$ 直流脉冲，时程 60 μs，然后用离子霉素 10 μmol·L$^{-1}$ 处理 5 min，再用 2 mmol·L$^{-1}$ 的 6-DMAP 处理 2 h，具体操作方法如前所述。

### 4.2.1.7　核移植重构胚的体外培养

重构胚在覆盖矿物油的培养液（NCSU-23 + 4% BSA）中培养，用培养液洗 3 次，用四孔板法培养，培养条件为 38.5 ℃、5% $CO_2$ 和饱和湿度。培养 48 h 后统计卵裂率，在 6 ~ 7 d 统计桑/囊胚的数量。

### 4.2.1.8　实验设计

实验 1：实验目的是研究猪颗粒细胞和胎儿成纤维细胞对体细胞核移植效果的影响。分别以分离培养的颗粒细胞和猪胎儿成纤维细胞作为供核细胞，在核移植 4 h 前处理好待用，重构胚用 NCSU-23 + 4% BSA 为培养液用四孔板法培养。

实验 2：实验目的是研究血清饥饿与否以猪胎儿成纤维细胞为供核细胞对核移植效果的影响。方法如下：分血清饥饿（用 0.5%的 FBS 培养 3 ~ 5 d，处理方法 A）与不饥饿培养 10 d（处理方法 B）2 种处理组，用胞质内直接注射法注核，重构胚用 NCSU-23 + 4% BSA 为培养液用四孔板法培养。

实验 3：实验目的是研究在核移植后不同阶段激活对核移植重构胚的影响。分别选择在核移植后 0、1 ~ 3 h 和 3 ~ 5 h 后进行激活，重构胚用 NCSU-23 + 4% BSA 为培养液用四孔板法培养。

### 4.2.1.9　数据处理

用 $X^2$ 检验对结果进行差异显著性分析。

## 4.2.2　结　果

### 4.2.2.1　不同供核细胞对核移植效果的影响

按照实验设计 1 进行操作，重构胚卵裂差异不显著（$P>0.05$），其 16 细胞以上胚胎（图 4.10）也无显著性差异，结果见表 4.1。

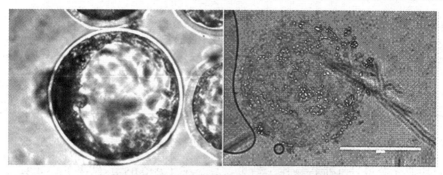

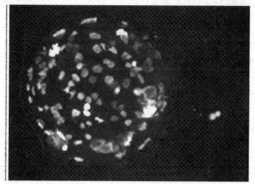

**图 4.10　体细胞核移植囊胚 Hoechst 33342 染色细胞计数（×400）**

**表 4.1　不同供核细胞对核移植胚胎分裂的影响**

| 核供体细胞 | 培养重构胚数 | 卵裂胚数及卵裂率/% | 分裂胚胎数及所占比例/% | |
|---|---|---|---|---|
| | | | 2~4 细胞 | 16 细胞以上 |
| 颗粒细胞 | 83 | 36（43.37）[a] | 20（24.10）[a] | 16（19.27）[a] |
| 成纤维细胞 | 87 | 40（45.98）[a] | 22（25.29）[a] | 18（20.68）[a] |

注：同列上标不同表示有显著性差异（$P>0.05$），下表同。

#### 4.2.2.2　供核细胞不同处理方法对核移植胚胎分裂的影响

按照实验设计 2 进行操作，结果差异不显著（$P>0.05$），结果见表 4.2。

表 4.2　供核细胞不同处理方法对核移植胚胎分裂的影响

| 处理方法 | 培养重构胚数 | 卵裂胚数及卵裂率/% | 分裂胚胎数及所占比例/% | |
|---|---|---|---|---|
| | | | 2～4 细胞 | 16 细胞以上 |
| A | 57 | 26（45.61）[a] | 20（35.09）[a] | 6（10.52）[a] |
| B | 71 | 36（50.71）[a] | 25（35.21）[a] | 11（15.50）[a] |

### 4.2.2.3　不同时间激活对核移植重构胚分裂的影响

按照实验设计 3 进行操作，结果差异显著（$P<0.05$），结果见表 4.3。

表 4.3　不同时间激活对核移植胚胎分裂的影响

| 激活时间/h | 培养重构胚数 | 卵裂胚数及卵裂率/% | 分裂胚胎数及所占比例/% | |
|---|---|---|---|---|
| | | | 2～4 细胞 | 16 细胞以上 |
| 0 | 47 | 4（8.51）[a] | 4（8.51）[a] | 0（0.0）[a] |
| 1～3 | 39 | 20（51.82）[b] | 11（28.21）[b] | 9（23.61）[b] |
| 3～5 | 41 | 23（56.98）[b] | 12（29.27）[b] | 11（23.71）[b] |

## 4.2.3　讨　论

### 4.2.3.1　不同供核细胞对核移植胚胎分裂的影响

同种细胞核移植研究表明，供体细胞类型对核移植重构胚的发育有很大的影响。目前报道使用较多的核供体细胞有颗粒细胞[8]、胎儿成纤维细胞（Boquest, Grupen et al., 2002），及成体成纤维细胞（Ward and Brown, 1998）等。并且随着核移植技术的发展，使用的供体细胞类型也有逐渐增多的趋势。但目前公认的一个观点是，分化程度越低的细胞越易发生发育程序重编，构建的重构胚发育潜力也越大。猪胎儿成纤维细胞是处于幼稚阶段的细胞，其分化程度很低，能够更有效地支持核的重新编程。Lee 等比较猪成体和胎儿成纤维细胞、颗粒细胞和输卵管上皮细胞对核移植的影响，得到的结果显示，胎儿成纤维细胞效果最好（Lee, Hyun et al., 2003）。

但是，也有研究者认为颗粒细胞能够更加有效地支持核的重新编程，Kato 等（1998）认为：① 卵丘细胞是自然静止于 $G_0/G_1$ 期的细胞；② 卵丘细胞是包围在卵母细胞周围的细胞，在卵母细胞生长发育过程中，卵丘细胞与卵母细胞一直存在着信息交流，核移植后二者更容易互作；③ 卵丘细胞内端粒酶活性较高，不会由于染色体端粒变短而使细胞老化（Kato, Tani et al., 1998）。

因此，目前选择胎儿成纤维细胞或颗粒细胞作为供核细胞的效果并无定论。

本研究选用的 2 种核供体细胞分别为颗粒细胞和猪胎儿成纤维细胞，从用 2 种不同来源的细胞构建的胚胎的分裂率看，二者无显著性差异（43.37%、45.98%）。分析其原因，虽然猪胎儿成纤维细胞分化程度比颗粒细胞低，但是由于颗粒细胞与卵母细胞的联系比猪胎儿成纤维细胞关系密切，因此两种细胞在构建的胚胎的分裂上没有显著差异。这也可能是因为颗粒细胞与猪胎儿成纤维细胞都是合适的供核细胞。

### 4.2.3.2　供核细胞不同处理方法对核移植胚胎分裂的影响

供核、受体细胞周期阶段以及相互之间周期的协调性对核移植胚胎的发育非常重要。核移植实验中所用的受体胞质为 MⅡ期，为保持细胞周期的协调性，保证重组胚的染色体正常倍性及发育，必须对供体细胞进行同期化处理。目前，进行供核细胞与胞质受体同期化处理的方法有万能受体法与血清饥饿的方法。一般认为通过血清饥饿的细胞，绝大多数处于停顿的 $G_0$ 期。$G_0$ 期细胞的染色质被修饰，其转录的水平下降，可能更加容易发生核的重新编程，然后就像合子核那样进行发育。用血清饥饿诱导细胞退出细胞的生长周期，停滞于 $G_0$ 期，当移入中期的卵母细胞中后，在高浓度的成熟促进因子（maturation promoting factors, MPF）作用下，容易发生核膜破裂（nuclear envelope breakdown, NEBD）与染色体凝集（premature chromosome condensation, PCC），而且核型也不会发生改变（Zhai, Kronebusch et al., 1996）。因此，认为用血清饥饿的细胞作为供核细胞更加有利于核移植胚胎的发育。

但是，在本研究中发现，用血清饥饿培养与不进行血清饥饿处理的供核细胞得到的重构胚的发育率无显著差异（45.61%、50.71%）。究其原因，可能是不进行血清饥饿培养的细胞进行常规培养一般在长满后才使用，由于细胞生长时会发生接触抑制，使得大多数的细胞进入了 $G_0$ 期。同时，即使是没

有进入 $G_0$ 期的细胞也能够有效地进行核的重新编程。Wakayama 等利用 $G_1$ 和 $G_{2/M}$ 期供核细胞也成功克隆出了小鼠（Wakayama, Perry et al., 1998）。赖亮学等研究选择 $G_{2/M}$ 期的细胞作为供核细胞，发现处于 $G_{2/M}$ 期的供核细胞能在去核 MⅡ 期的猪卵母细胞中重新编程，其额外的染色体以第二极体的形式排出卵母细胞，成功获得了体细胞克隆猪（Lai, Tao et al., 2001）。

因此，有关选择处于什么时期的供核细胞更有效，现在一般认为除了 S 期外，其他时期都可以。

### 4.2.3.3　不同时间激活核移植胚胎分裂的影响

由于处于中期的卵母细胞中 MPF 的活性比较高，这样移入的供核细胞就比较容易在高浓度的 MPF 作用下发生核膜破裂（NEBD）和染色体凝集（PCC），有利于核的重新编程。Wakayama 等研究发现，在用卵丘细胞作为供核细胞质注射后，卵母细胞放置 $0 \sim 6 \, h$ 进行激活，发现核注射和卵母细胞激活的时间间隔影响卵母细胞的发育率。注射后 $0 \, h$、$1 \sim 3 \, h$、$3 \sim 6 \, h$ 激活，桑葚胚/囊胚的形成率都不断升高[4]。由此 Wakayama 等（Wakayama, Perry et al., 1998）认为，胞质注射后，把供体细胞核暴露于卵母细胞质的时间延长，会使核染色质长时间凝聚，促进了核的重新修饰，有利于胚胎发育。本研究也发现，注射后立即激活（8.51%）与注射后 $1 \sim 3 \, h$ 激活（56.98%）和注射后 $3 \sim 5 \, h$ 激活（51.82%）差异显著（$P<0.05$），但是注射后 $1 \sim 3 \, h$ 激活（56.98%）和注射后 $3 \sim 5 \, h$ 激活（51.82%）无显著差异（$P>0.05$）。因此，在进行胞质注射后，使供核细胞核与胞质受体作用适当的时间再激活，有利于重构胚的进一步发育。因为在高浓度的 MPF 作用下，供体核能够更好地进行核重新编程。

综上所述，用胞质注射不需要融合，可以用不经血清饥饿的成纤维细胞作为供核细胞，在核移植 $1 \sim 5 \, h$ 后进行激活。这样不仅可以减少操作的环节，而且有利于重构胚的互作，提高核移植的效率。

## 4.2.4　小　结

首例体细胞克隆动物"多利"羊诞生以来，各种体细胞核移植动物相继成功克隆，但其克隆效率很低（低于 10%）以及大都表现出不同程度的器官衰竭或发育畸形等。猪体细胞核移植在异种器官移植和克隆性治疗上具有重大意义，但其克隆效率更低（1%~2%）。利用胞质注射技术对比不同供核细胞、是否经血清饥饿和不同时间段激活对重构胚发育的影响。在重构胚卵裂率上，实验结果表明：颗粒细胞与胎儿成纤维细胞无显著性差异（43.37%、45.98%，$P>0.05$）；血清饥饿与否无显著性差异（45.61%、50.71%，$P>0.05$）；在核移植后 1~3 h 和 3~5 h 激活显著高于立即激活（51.82%、56.98%、8.51%，$P<0.05$）。

## 4.3 猪超数排卵胚胎体外生产技术研究

由于许多解剖学和生理学方面人与猪的相似性，随着动物胚胎工程技术的发展，越来越多的猪胚胎或卵母细胞作为实验材料进行相关的研究，如核移植和异种器官移植等。目前，猪体内的胚胎或卵母细胞一般在经过超数排卵后，通过手术（Petters and Wells, 1993）或屠宰方法（Dobrinsky, Johnson et al., 1996）用胚胎培养液冲洗子宫角获得。为了充分发挥母畜的繁殖潜力，一般利用 eCG（equine chorionic gonadotropin）或 FSH 进行超排处理，如水牛（Palta, Kumar et al., 1997）、牛（Singh, Khurana et al., 1998；Small, Colazo et al., 2009）、绵羊（Cognie, 1999）、大鼠（Popova, Krivokharchenko et al., 2002）和猪（Baker and Coggins, 1968；Manjarin, Cassar et al., 2009；Manjarin, Dominguez et al., 2009）。研究发现，在牛的超数排卵上，用 eCG 进行处理一般导致大卵泡的发生而且不排卵，原因与 eCG 的半衰期较长有关（其半衰期一般超过 50 h）（Menzer and Schams, 1979）。相比之下，FSH 的半衰期比较短（不到 2 h）（Fry, Cahill et al., 1987）。由于 eCG 本身存在处理不稳定等问题，往往得不到预期的超排效果（Karaivanov, 1986），后来 FSH 逐渐取代 eCG 用在牛的超数排卵上（Mapletoft, Steward et al., 2002）。与 eCG 处理相比，FSH 能够获得更好的超排效果，如获得更多的卵母细胞或胚胎而且其质量更好（Lopes da Costa, Chagas e Silva et al., 2001）。最近研究也发现，每天用低剂量的用 PVP（polyvinylpyrrolidone）溶解的 FSH 注射，并且采用递减剂量注射法，在猴上能够获得理想的卵巢反应效果（Yang, He et al., 2007）。理所当然，有关 eCG 与 FSH 的研究也在猪的超数排卵中大量使用。Guthrie 等研究发现，与在猪上用 eCG 超排相比，用 FSH 加 hCG（human chorionic gonadotropin）递减剂量注射超排，能够获得更多的超排卵母细胞或胚胎数量

（Guthrie, Pursel et al., 1997）。同时也有研究发现，FSH 超排处理未性成熟的猪，获得的卵母细胞不仅数量多，而且其胞质均匀、围绕的颗粒细胞数层次较多（Bolamba, Dubuc et al., 1996）。

已有研究报道表明，用 FSH 处理有利于猪的超排反应效果，能够获得较多的卵母细胞或胚胎数。尽管有关使用 eCG 联合 hCG 进行超排处理已有报道，但有关在陕北八眉猪上的超排影响还未见报道。为此，本研究选择八眉猪作为研究对象，研究 FSH 递减剂量注射方法对超排后八眉猪卵巢反应的影响。

## 4.3.1 材料与方法

### 4.3.1.1 材 料

实验中使用的激素：eCG（货号：080801）、FSH（货号：080501）、hCG（货号：080113）和 PG（货号：080301）购自宁波三生激素有限公司，使用时用 0.9%的生理盐水进行溶解稀释。同时对照组也进行注射，注射等量的 0.9%的生理盐水。2%戊巴比妥钠（货号：30225 购自 Serva Heidelberg Germany，用 0.9%的生理盐水溶解，作为手术时的麻醉药；同时备有解麻药苏醒灵，购自动物华牧有限公司。

### 4.3.1.2 猪的处理及发情观察

选择 6～12 月龄八眉猪作为实验研究对象，而且一般已有规律的情期观察记录。把处理猪随机分成 5 组，按照以下方案分别进行实验处理：处理 A，用 eCG/hCG；处理 B～D 用 FSH/hCG 进行超排处理；E，没有进行激素处理，作为对照组。每天用性成熟的公猪进行试情观察 2 次。发情的第一天作为发情周期的 0 天（D0）。具体的超排方法在情期的 13～17 d 进行，如表 4.4 所示。在后期进行手术，对处理猪的黄体（corpus luteum, CL）及卵巢的反应情况进行详细记录，其中卵巢囊肿的标准按照已有报道的文献进行（Hall, Meisterling et al., 1993）。

### 4.3.1.3 实验设计

有关超排的详细激素处理方案如表 4.4 所示。为研究 FSH 对八眉猪的卵巢作用效果，在 FSH 总量 280～440 IU 的范围加 hCG 进行联合处理，观察对于超排效果的影响。为了比较与 eCG 的差别，同时采用注射 1 000 IU 的 eCG 加 hCG 进行处理，观察对于卵巢的影响效果。在超排激素注射后 24 h，观察其发情的效果，同时记录不同处理发情的头数。然后，进行手术，统计不同处理猪的卵巢反应情况，记录其黄体数。

表 4.4　陕北八眉猪超数排卵不同激素组合处理方法

| 处 理 | D13[a]<br>激素/剂量<br>(IU)[b] | D14<br>激素/剂量<br>(IU)[b] | D15<br>激素/剂量<br>(IU)[b] | D16<br>激素/剂量<br>(IU)[b] | D17<br>激素/剂量<br>(IU)[b] |
|---|---|---|---|---|---|
| A | eCG/1000 | n/a | n/a | PG/0.2 （mg） | hCG/1000 |
| B | FSH/160[b] | FSH/120[b] | FSH/100[b] | FSH/60<br>PG/0.2 （mg） | hCG/1000 |
| C | FSH/140[b] | FSH/100[b] | FSH/80[b] | FSH/60<br>PG/0.2 （mg） | hCG/1000 |
| D | FSH/100[b] | FSH/80[b] | FSH/60[b] | FSH/40<br>PG/0.2 （mg） | hCG/1000 |
| E | 无激素处理，自然发情[c] | | | | |

注：n/a—无处理；a—D13～D17：在发情后；b—间隔 12 h 注射 FSH 2 次（上午和下午 7 点）；c—间隔 12 h 注射 0.9% 的生理盐水 2 次（上午和下午 7 点）

#### 4.3.1.4　统计学分析

用统计学软件 SPSS 10.0 （statistical package for social science）进行方差与 $t$ 检验分析实验数据，其中 $P < 0.05$ 标示差异显著。

## 4.3.2　结　果

共有 29 头八眉猪随机分成 5 组，用 FSH 和 eCG 进行超排处理[图 4.11（a）、表 4.4]。在用激素处理后，其中处理 A 与 C 的发情率分别为 63.64%、66.67%，其余各处理组的发情率都为 100%，如表 4.5 所示。在处理 B 与 C 中卵巢都发生囊肿，但是其余各处理未见卵巢囊肿的出现。如表 4.5 所示，对照组（处理 E），在手术后发现平均每头猪的黄体数为 9.2 个。用 eCG 处理组（处理 A），能够使平均每头猪的黄体数提高到 14.3 个，但是两者无显著性差异（$P > 0.05$）[表 4.5，图 4.11（b）（c）]。在用 FSH 不同剂量处理组中（处理 B～D），黄体数平均提高到对照组（处理 E）的 4.5～8.5 倍；同时，平均每头猪的黄体数显著多于用 eCG 处理组（处理 A）（$P<0.05$）。

同时可以得知，在 FSH 不同剂量处理组中，平均每头猪的黄体数与剂量呈现一种剂量依赖性效应，处理 B 平均每头猪的黄体数显著多于（77.8，440 IU）处理 C（68.8，380 IU）和 D（42.7，280 IU）。同时发现，FSH 注射的剂量超过 280 IU 将会导致卵巢囊肿的发生[图 4.11（d）（e）（f）]。

表 4.5  不同激素处理对八眉猪超排黄体及卵巢反应的影响

| 处理猪数 | 处理组 | 发情猪头数及所占比例/% | 平均黄体数 | 卵巢囊肿[2] |
|---|---|---|---|---|
| 11 | A | 7（63.6） | 14.3 ± 2.2 [a] | − |
| 4 | B | 4（100） | 77.8 ± 2.7 [b] | + |
| 6 | C | 4（66.7） | 68.8 ± 2.5 [c] | + |
| 3 | D | 3（100） | 42.7 ± 4.4 [d] | − |
| 5 | E | 5（100） | 9.2 ± 0.9 [a] | − |

注：① 上标不同字母表示差异显著（$P<0.05$）。
② 2，表示发生囊肿（＋）或没有（－）。

（a）饲养的实验用八眉猪　（b）对照组实验猪的卵巢（处理 E）（c）实验组 A 猪的卵巢

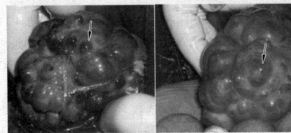

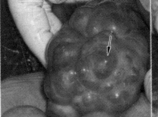

（d）实验组 B 猪的卵巢　　　　（e）实验组 C 猪的卵巢　　　　（f）实验组 D 猪的卵巢

图 4.11  不同激素处理对八眉猪卵巢反应的影响

注：箭头所指为黄体。

### 4.3.3　讨　论

本研究的主要目的是通过对比 eCG/hCG（处理 A）、FSH/hCG（处理 B ~ D）和对照组（处理 E，无激素处理）对八眉猪的超排效果，期望获得最佳的超排方案，为下一步的研究工作奠定基础。已有很多研究报道发现，eCG 能够用于猪的超排。Ratky 等研究发现，1 000 IU 的 eCG 超排处理比 750 IU 和 1 250 IU 的 eCG 处理获得更多的黄体数，同时减少卵泡囊肿的发生，而且平均每头猪获得 13.7 ~ 24 个黄体（Ratky, Brussow et al., 2001）。Manjarin 等研究发现，用 600 IU 的 eCG 和 400 IU eCG 加 200 IU 的 hCG 联合处理，能够分别获得 15.5%、73.3%的发情率（Manjarin, Cassar et al., 2009）。在本研究中，eCG 处理组（处理 A）的发情率为 63.6%，同时平均黄体数为 14.3 个，这与上面的报道结果是一致的。

很多研究也发现，用 FSH 递减剂量进行超排，至少能够获得与 eCG 或 PG600 类似的效果。Purohi 等研究发现，对牛用 FSH 进行超排处理比用 eCG 处理能够获得更好的超排效果，获得更多的胚胎（Purohit, Dinesh et al., 2006）。Jackson 等研究也发现，用 FSH 处理进行超排，发情率和平均黄体数分别为 66%和 29.6 个，高于用 PG600 的处理效果（发情率：60%，平均黄体数：23），但是无显著性差异（Jackson, Breen et al., 2006）。有研究报道，在猪上用 FSH 处理，能够获得平均排卵点 7 ~ 14 个，同时能够回收到平均 4 ~ 12 个正常受精的卵母细胞，相比较之下用 eCG 处理只能得到平均 2 ~ 3 个排卵点和平均回收 1 ~ 2 个卵母细胞（Glazier and Molinia, 2002）。另外，用 FSH 处理（剂量为 8 mg 或 16 mg）能够显著诱导中或大卵泡的发育（其卵泡直径为 4 ~ 8 mm），同时获得受精后高比例的桑囊胚发育率（Bolamba and Sirard, 2000）。本研究中，结果表明不同剂量的 FSH 注射获得平均黄体数也不同（440 IU：77.8，380 IU：68.8，280 IU：42.7），但是都显著多于 eCG 处理组（1 000 IU：14.3）和对照组（无激素处理：9.2）。这与已有的研究报道结果是一致的。同时，该研究结果也表明，FSH 递减剂量超排处理方式是适合八眉猪超排的一种有效方法。在不同 FSH 的处理中，平均黄体数与注射剂量存在一种剂量依赖效应。另外，当 FSH 注射的剂量在 280 IU 时（处理 D）能够获得理想的超排效果。这与 Sommer 等的研究报道是一致的，平均获得 38.9 个黄体（Sommer, Collins et al., 2007）。

### 4.3.4 小 结

本研究是首次对陕北八眉猪的超数排卵进行研究，通过不同激素及其剂量组合的研究（eCG 一次注射和 FSH 递减剂量多次注射），获得最佳的超排方案。得到如下结论：FSH 比 eCG 更适合于八眉猪的超排，最佳的超排方案为 D13/100 IU, D14/80 IU, D15/60 IU, D16/60 IU 和 PG 0.2 mg, D17/hCG 1000 IU，能够获得较好的超排效果。

## 4.4 猪嵌合胚胎体外生产技术研究

动物体细胞克隆技术的研究和应用是当代生命科学领域研究的热点之一。尽管体细胞核移植技术已在牛、羊、小鼠、猪等动物上获得成功，但总效率仍较低。而猪的体细胞核移植效率更低，体外成熟卵母细胞组成的重构胚发育至囊胚的比例为 7%~10%、体内的为 10%~31%，而出生活仔数与移植胚数的比率仅为 1%左右（Wilmut, Beaujean et al., 2002；Im, Lai et al., 2004）。从 2006 年的 iPS 技术诞生以来，已经相继在小鼠（Takahashi and Yamanaka, 2006）、大鼠（Li, Wei et al., 2009；Liao, Cui et al., 2009）、猴（Liu, Zhu et al., 2008）和猪（Esteban, Xu et al., 2009）等动物身上成功获得 iPS 细胞。这些动物 iPS 细胞的成功构建，通过以改造的 iPS 细胞为供核细胞进行核移植，为大动物的基因敲入及敲除提供了一条可行的途径。

尽管 iPS 细胞从 2006 年诞生以来，各种诱导方法及各种类型的 iPS 细胞已经相继报道，但是目前 iPS 细胞鉴定的标准一般停留在以现有的胚胎干细胞鉴定的标准，如用常规分子检测及畸胎瘤实验等予以鉴定（Strojek, Reed et al., 1990；Li, Zhang et al., 2003；Blomberg, Schreier et al., 2008），并没有严格的嵌合体个体产生的检测。除了目前已有报道在小鼠的 iPS 细胞成功获得生殖嵴嵌合的个体小鼠（Kang, Wang et al., 2009；Zhao, Li et al., 2009）外，其余种类的 iPS 细胞还未见嵌合体的报道。尽管猪 iPS 嵌合体已有研究报道，但是在其生殖嵴嵌合方面及嵌合有效率方面还存在问题，而且还没有其嵌合体的后代诞生（West, Terlouw et al., 2010）。可见，检验 iPS 细胞全能性的金标准-其嵌合体的研制很有必要。

本研究选择不同猪 iPS 细胞系进行胚胎学方面的研究，期望能够利用猪重构胚胎及 iPS 嵌合胚胎体外发育的研究来鉴定不同猪 iPS 细胞，从而选择合适的 iPS 细胞；同时对获取猪体内胚胎的时间与方式进行研究，以期望获得更多的优质可用嵌合胚胎，最后通过这两个方面的优化，构建优质的 iPS 细胞嵌合胚胎，为后续的 iPS 细胞嵌合体受体猪移植奠定基础。

## 4.4.1　材料与方法

### 4.4.1.1　试剂和用品

显微操作仪为 Leiz 公司产品，研究中所用试剂除特别指明外，均购自 Sigma 公司。TCM199 粉剂及 TCM199 原液购自 Gibco 公司；FBS 购自 Hyclone 公司；PMSG、HCG、FSH 购自宁波激素制品厂；洗卵液为添加 10% NBS 的 PBS（－）（自配）；电融合液（cytofusion medium Formula C）和电融合仪（PA-4000 型）购自 Cyto Pulse Sciences 公司；NCSU-23 自配（配方如前所述）。

### 4.4.1.2　猪卵母细胞采集与体外成熟

猪卵巢采集于某屠宰场，采集卵巢个体的年龄、遗传背景、妊娠与否不详。采集卵巢置于 30 ~ 39 ℃加双抗的生理盐水中，于 4 h 内运回实验室。

用抽吸法采集卵巢卵母细胞。去除卵巢上附着的输卵管等组织，用加双抗的生理盐水清洗 3 次后，用带有 12# 针头的 10 mL 注射器抽吸卵巢表面 2 ~ 8 mm 卵泡的卵泡液，在体视显微镜下检出卵母细胞。检卵时按卵丘细胞多少及胞质明暗分为 3 类：A 类卵母细胞含有 5 层以上卵丘细胞，胞质均匀，较暗；B 类卵母细胞包有 1 ~ 4 层卵丘细胞；C 类为胞质不均或只有少许卵丘细胞的畸形卵、裸卵和半裸卵。选择 A、B 类卵母细胞，用洗卵液和成熟培养液分别清洗 3 次后进行体外成熟培养。培养条件为 39 ℃、5% $CO_2$ 和饱和湿度。培养 44 h 后用 0.3% 透明质酸酶（无 $Ca^{2+}$、$Mg^{2+}$ 的 PBS 液配制）于 37 ℃ 消化 3 ~ 5 min，辅以适当口径玻璃管反复吹打，去除卵丘细胞，判定成熟情况。卵母细胞成熟以排出第一极体为标准，并结合成熟卵形态学进行评价。以 $mM199 + 10\ IU \cdot mL^{-1}\ PMSG + 10\ IU \cdot mL^{-1}\ hCG + 2.5\ IU \cdot mL^{-1}\ FSH + 1\%\ ITS + 10\ ng \cdot mL^{-1}\ EGF$ 为成熟培养液。

### 4.4.1.3　iPS 供核细胞

本实验选择从其他实验室和本实验室得到的 3 株 iPS 细胞系为供核细胞，

分别表示为 iPS-1（绿色荧光蛋白标记）、iPS-2（无标记）和 iPS-3（红色荧光蛋白标记），核移植前消化为单个细胞，室温下放置备用。

### 4.4.1.4　iPS 细胞重构胚胎的构建

选用 IVM4 1～43 h 猪卵母细胞用盲吸 + Hoechst 33342 检查法进行去核。将卵母细胞在含 5 μg·mL$^{-1}$ CCB 和 5 μg·mL$^{-1}$ Hoechst 33342 的培养液内培养 10 min 后移入预先制作好的操作滴（M199），用 Leiz 显微操作仪进行去核操作。在显微镜下用固定管从极体对侧固定卵母细胞，用外径 20～25 μm 的斜口去核管吸出极体及附近少许胞质，用荧光显微镜检查确认去核是否完全。

采用透明带下注射法进行核供体细胞注射。在显微镜下用 10～15 μm 注射针反复抽吸核供体细胞使其细胞膜破裂成为核胞体，通过显微操作将核胞体直接注入去核卵母细胞透明带下。注射完成后培养 30 min，检测卵母细胞质膜完整性，弃去裂解卵，对融合的卵母细胞进行激活操作。

### 4.4.1.5　胚胎激活与培养

将上述核移植的卵母细胞放入专用的电融合液中平衡 3～5 min 后放入融合槽内，转动卵细胞使供体细胞与卵母细胞接触面与电场垂直，同时在直流脉冲的场强为 2.0 kV·cm$^{-1}$，脉冲时间为 10 μs、脉冲次数为 1 次、脉冲间隔为 1 s 的条件下融合（融合仪为 Cell fusion 公司的 ECM-2001），迅速将重构胚移入 M199 + 10% FBS 液中，放置 0.5 h 后观察融合率，挑选融合胚进行下一步激活处理。将重构胚放入 5 μmol·L$^{-1}$ ionomycin（Sigma）液中，5 min 后换到 2.0 mmol·L$^{-1}$ 6-DMAP 液中，3 h 后再移入 PZM-3 液中，在 38.5 ℃、5% CO$_2$ 培养箱中培养 2 d 后观察分裂率，7 d 后观察囊胚发育率。重构胚在培养液（PZM-3 + 0.3%BSA）中培养，用培养液洗 3 次，用微滴方法培养，培养条件为 38.5 ℃，5% CO$_2$ 和饱和湿度。

### 4.4.1.6　iPS 胚胎嵌合和受体移植

选择同期发情的至少 3 头猪（发情标准参照第 4.3 节描述的方法评定），在发情当天进行自然交配，间隔 12 h 再配种 1 次，以第一次配种为 0 天，向后推算 4～5 d 之间进行胚胎采集，猪保定及手术方法见第 4.4.2.5 小节。同时在这些同期发情的猪中选择 1 头不进行配种，作为后面 iPS 细胞嵌合胚胎移植的受体备用。

### 4.4.1.7　实验设计

为保证后续 iPS 细胞嵌合体研制成功的可能性，首先对不同的 3 株 iPS 细胞进行体外胚胎方法的检测，从而研究其细胞的质量以及推测后续胚胎嵌合的可能性，为进行下一步实验奠定基础。以同批次同样方法获得猪体外成熟卵母细胞作为胞质受体，分别利用不同的 iPS 细胞进行核移植重构胚胎的构建，从胚胎卵裂率及囊胚率等评价其细胞的质量。

然后在上述基础上，可以利用孤雌囊胚或体内囊胚在体外嵌合 iPS 细胞，研究培养 1~2 d 后细胞在胚胎内部的增殖及嵌合情况，如不能有效嵌合，则从胚胎发育学的角度排除该株 iPS 细胞进行后续嵌合体移植的研究。

在初步筛选 iPS 细胞株后，要进行嵌合体研制，必须有足够的体内胚胎作为保障。为此，分别对冲胚胎方法（离体方法和活体手术方法）获得胚胎的有效性及冲胚胎的时间（少于 4.5 d 和 4.5~5 d），对于获得可用嵌合囊胚的比例进行研究，期望能够获得大量的优质囊胚，为 iPS 细胞嵌合猪的研制奠定基础。

### 4.4.1.8　统计学分析

用统计学软件 SPSS 10.0（statistical package for social science）进行方差与 $t$ 检验，分析实验数据，其中 $P$ 少于 0.05 表示差异显著。

## 4.4.2　结　果

### 4.4.2.1　不同 iPS 细胞对于重构胚胎体外发育的影响

为研究不同 iPS 细胞对于重构胚胎体外发育的影响，分别选择 3 株不同 iPS 细胞（iPS-1，2 和 3）和猪胎儿成纤维细胞（PEF）作为供核细胞，以同批次获得猪体外成熟卵母细胞作为胞质受体，进行核移植操作。其研究结果见表 4.6 和图 4.12。图 4.12 显示 3 株不同 iPS 细胞构建的核移植胚胎在体外的发育情况，从上到下依次显示构建的核移植胚胎 2-细胞、8-细胞和囊胚的结果。结果表明 iPS-1 和 iPS-2 构建的重构胚能够在体外发育到囊胚，但是

iPS-3 只能发育到 2-细胞、8-细胞，并且停止继续发育，不能有效发育到囊胚。表 4.6 表明：融合率 iPS-1 和 iPS-3 实验组与对照组（PEF 实验组）无显著性差异（$P>0.05$），但是显著高于 iPS-2 实验组（$P<0.05$）；卵裂率和囊胚率 iPS-1 和 iPS-2 实验组与对照组无显著性差异（$P>0.05$），但是显著高于 iPS-3 实验组（$P<0.05$）。由此可见，iPS-3 细胞尽管能够获得较好的融合率，但是其重构胚不能有效发育到囊胚阶段。

表 4.6　不同 iPS 细胞核移植对重构胚胎体外发育的影响

| 不同 iPS 细胞 | 重构胚胎数 | 融合率/% | 卵裂率/% | 囊胚率/% |
|---|---|---|---|---|
| iPS-1 | 85 | 65（76.47）[a] | 43（66.15）[a] | 3（6.98）[a] |
| iPS-2 | 162 | 88（54.32）[b] | 62（70.46）[a] | 5/62（8.07）[a] |
| iPS-3 | 106 | 86（81.13）[a] | 42（48.84）[b] | 0[b] |
| PEF（对照组） | 179 | 139（77.65）[a] | 114（82.01）[a] | 15（13.16）[c] |

注：上标字母不同表示差异显著（$P<0.05$）。

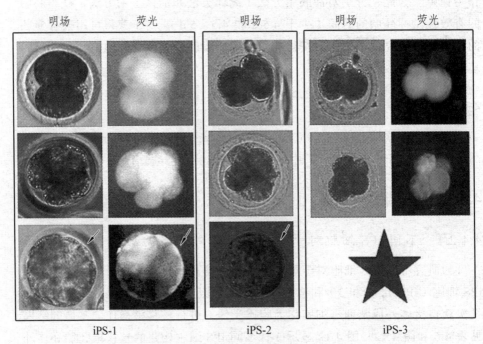

图 4.12　不同 iPS 细胞为供核细胞获得重构胚胎体外发育情况

注：① iPS-1 为绿色荧光蛋白标记，iPS-2 无标记，iPS-3 为红色荧光蛋白标记。
　　② 箭头所指为囊胚。

#### 4.4.2.2 iPS-3 细胞嵌合胚胎体外发育的研究

在上述实验基础上，由于 iPS-3 细胞构建的核移植胚胎不能有效在体外发育到囊胚阶段，利用排除方法进行如下 iPS-3 细胞胚胎嵌合体外发育实验，研究该细胞参与胚胎发育的能力。研究结果如图 4.13 所示，其中图 13（a）表示在孤雌早期囊胚中注射 5 个 iPS-3 细胞，培养 2 d 后，细胞数量没有增加，同时注射的细胞被发育的囊胚挤到透明带下；图（b）表示在体内的囊胚中注射一团 iPS-3 细胞，继续培养 2 d，发现其细胞团没有增加，同时也没有参与胚胎的发育，与内细胞团分离。由图 4.13 可见，在孤雌囊胚阶段注射的 5 个 iPS-3 细胞在继续培养 1~2 d 后，未能有效增殖，同时其位置也未发生改变，可见该细胞未能有效参与囊胚的进一步发育；在体内囊胚嵌合中，注入的 iPS-3 细胞团进入囊腔后，在培养 1~2 d 后与内细胞团依然保持着分离的关系，可见从形态学上表明其未能有效参与胚胎的进一步发育。通过上述实验结果，初步排除 iPS-3 细胞进行后续嵌合体的移植研究实验。

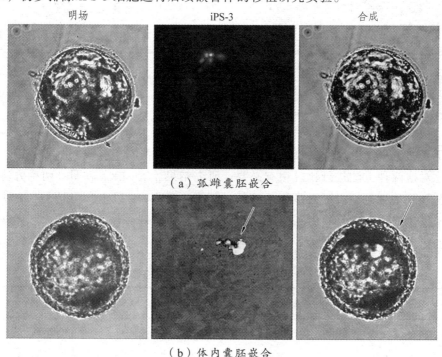

图 4.13　iPS-3 细胞嵌合胚胎在体外的发育

注：箭头所指为 iPS-3 细胞。

### 4.4.2.3　不同冲胚时间对冲胚效果的影响

为了冲胚能够获得整齐统一的囊胚（有合适大小的囊腔），选择合适的冲胚时间是很重要的。太早可能是桑葚胚或更早期的胚胎，不能进行有效的 iPS 细胞嵌合操作；太晚则可能获得扩张或孵化的囊胚，对于 iPS 细胞的嵌合操作也是不行的。根据现有的资料，选择短于 4.5 d 和 4~4.5 d 两个时间段进行冲胚操作，研究结果（表 4.7）表明：在 4~4.5 d 实验组中，获得囊胚的比例（37.73%）显著高于短于 4.5 d 实验组（4.56%）的结果（$P<0.05$）。

表 4.7　不同冲胚时间对于获得胚胎类型的影响

| 冲胚时间/d | 处理猪数 | 总的黄体数 | 获得胚胎数 | | | 囊胚数/总胚胎数 /% |
| --- | --- | --- | --- | --- | --- | --- |
| | | | 桑葚胚 | 囊胚 | 其他 | |
| <4.5 | 2 | 25 | 21 | 1 | 0 | 4.56 [a] |
| 4.5~5 | 7 | 73 | 23 | 29 | 9 | 37.71 [b] |

注：上标字母不同表示差异显著（$P<0.05$）。

### 4.4.2.4　不同冲胚方法对冲胚效果的影响

目前，对于猪体内胚胎获取的方法主要有两种：离体方法和手术方法，由于猪的子宫在生理上比较长，选择合适的冲胚方法对于获取胚胎很关键，为此对这两种方法进行比较很有必要。研究结果（表 4.8）表明：两种方法在获取胚胎有效性方面无显著性差异，都能达到 80% 以上，但是手术方法对于供体猪可以重复利用。由此可见，手术方法为一种合宜的猪体内胚胎获取的方法。

表 4.8　不同冲胚方法对冲胚效果的影响

| 冲胚方法 | 处理猪头数 | 总黄体数 | 获得胚胎数 | 冲胚率/% |
| --- | --- | --- | --- | --- |
| 离体方法 | 2 | 18 | 15 | 83.33 [a] |
| 手术方法 | 6 | 71 | 61 | 85.92 [a] |

注：上标字母不同表示差异显著（$P<0.05$）。

#### 4.4.2.5 iPS 细胞嵌合胚胎受体猪移植

在上述实验的基础上，利用胚胎学方法初步筛选获得的 iPS 细胞（iPS-1 和 iPS-2），在 4～4.5 d 进行活体手术冲胚获得体内胚胎进行体外的胚胎嵌合，然后把 iPS 嵌合胚胎移植到同期的受体猪体内，要求移植的受体猪至少有 1 个黄体存在。

手术保定、冲胚胎方法和嵌合胚胎的受体猪移植，具体的操作流程可见图 4.14。对获得猪体内桑葚胚和囊胚进行 iPS 细胞嵌合注射，操作流程见图 4.15。

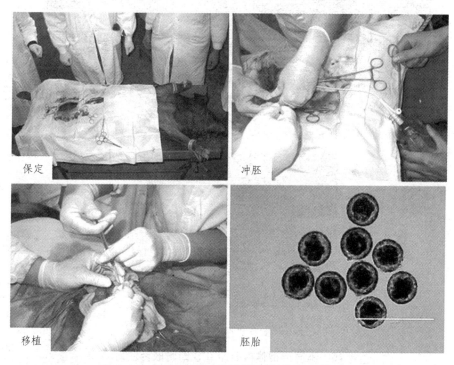

图 4.14 获取体外胚胎及嵌合胚胎移植的过程

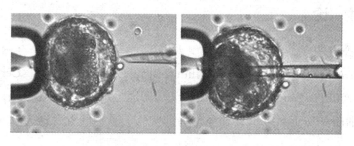

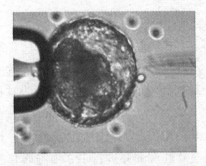

（a）体内桑葚胚 iPS 细胞嵌合注射

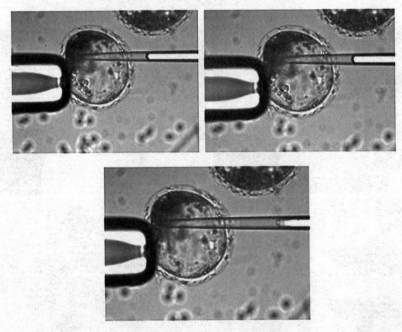

（b）体内囊胚嵌合注射

4.15 不同类型体内胚胎 iPS 细胞嵌合注射

## 4.4.3 讨 论

很多研究表明，供体细胞类型对核移植重构胚的发育有很大影响（Dinnyés, De Sousa et al., 2002; Wilmut, Beaujean et al., 2002; Cervera and Stojkovic, 2008; Yang, Liu et al., 2009）。但目前公认的一个观点是，分化程度越低的细胞越易于发生发育程序重编，构建的重构胚发育潜力也越大，尤其在核移植前提高供核细胞的未分化能力，如提高细胞的乙酰化水平等，都能有效促进核移植效率的提高（Beebe, McIlfatrick et al., 2009； Zhao, Ross et al., 2009）。尽管 iPS 细胞是一种多能性的细胞，但是由于外源基因的存在会改变细胞固有的基因表达等状况，同时由于大多没有得到嵌合体个体的检测，因此有关 iPS 细胞在核移植效率方面的影响，目前还不确切。尤其是不同的 iPS 细胞株由于诱导方法、培养方法以及原始细胞的状态等因素的存在，都会影响后续的 iPS 细胞的质量。本研究结果（表 4.6 和图 4.12）表明，iPS-1 和 iPS-2 细胞的重构胚胎获得囊胚率之间无显著差异，但都显著高于 iPS-3 细胞的结果。与其对照组比较，iPS 细胞的重构胚发育到囊胚的比例显著较低。可见，在 3 株不同的 iPS 细胞系中，核移植效率不同，尤其是 iPS-3 不能有效发育到囊胚。同时，后续进一步的实验结果（图 4.13）发现，iPS-3 细胞不能有效嵌合到孤雌囊胚和体内囊胚中：① 孤雌囊胚中，注射的 iPS-3 细胞数没有增加（5 个细胞）；② 体内囊胚中，注射的 iPS-3 细胞与内细胞团分离，依然处于囊腔中，由此表明，iPS-3 细胞不能参与胚胎发育过程。这样，在后续的受体移植实验中，可以初步排除使用 iPS-3 细胞。同时，周琪等研究发现，在构建的嵌合体小鼠中使用不同 iPS 细胞，其结果也不一样，其中两株没有获得嵌合体小鼠的 iPS 细胞（IP36D-3 和 IP20D-3）与获得嵌合体小鼠的 iPS 细胞在印迹基因 *Dlk*1-*Dio*3 区域的表达方面存在很大的差别（Liu, Luo et al.）。为此，可以推测，本实验中获得 iPS 不同重构胚胎发育效率存在差异，可能的分子机理方面的原因也在于此，有待进一步的研究。

　　一般来说，猪胚胎的发育规律如下（Macháty, Day et al., 1998）：① 输卵管阶段，猪胚胎在输卵管内一般需要停留 2 天，然后进入子宫角，这时胚胎已发育到 4 细胞阶段；② 桑囊胚阶段，这个阶段需要 4～5 d，此后继续发育，在第 6～7 d 时胚胎从透明带中孵化出来。本研究结果表明（表 4.7），在 4.5～5 d 的时间范围内进行冲胚，其获得囊胚比例（37.71%）显著高于短于 4.5 d（4.56%）获得的结果（$P<0.05$）；但是，其桑葚胚的比例（37.70%）显著低于 4.5 d（95.45%）获得的结果（$P<0.05$）；由此可见，要获得一致性的多数量的囊胚，还存在一些问题值得进一步研究。同时，也有研究表明，选择嵌合体研究获取胚胎的冲胚时间为首次配种后 4.5 d（West, Terlouw et al., 2010），这与本研究的结果是一致的。

在选择冲胚方法研究中，结果表明（表 4.8），在获取胚胎有效性方面不存在显著性差异，基本在 80% 以上，这些与已有的研究报道都是一致的（Besenfelder, M dl et al., 1997；戴琦，刘岚等，2007）。但是，由于手术方法可以重复利用供体猪，所以在后续的研究中一般采用手术冲胚的方法。同时，在后续 iPS 嵌合胚胎移植受体实验中，尽管没有成功妊娠足月，但是在移植嵌合胚胎数 20 枚以上时，一般能够妊娠 2 个情期，至少说明这些嵌合 iPS 胚胎在早期能够提供妊娠信号，维持妊娠，但是随着胚胎在体内的进一步发育，可能是由于 iPS 嵌合的影响导致无法继续维持妊娠。同时，这还可能与 iPS-1 和 iPS-2 的细胞质量有关，如一些印记基因的甲基化（Liu, Luo et al.）等，这有待于进一步研究。另外，还应该继续扩大 iPS 嵌合胚胎的数量及用不同种类或批次的 iPS 细胞进行嵌合，因为已有研究报道的 iPS 嵌合体小鼠和 iPS 核移植小鼠中，在筛选的几十个 iPS 细胞系中，只有少数的 iPS 细胞系成功获得了个体（Kou, Kang et al., 2010；Ren, Pak et al., 2011）。

## 4.4.4 小 结

初步建立胚胎学方法检测不同 iPS 细胞质量的方法，其中通过核移植及胚胎嵌合体外发育的研究，获得可以初步筛选用于后续嵌合体研制的 iPS 细胞（iPS-1 和 iPS-2）的方法。为此，在进行后续的 iPS 细胞核移植及嵌合体受体移植前，可以利用该方法初步筛选不同的 iPS 细胞，从而为后续工作提高效率奠定基础。

在冲胚的时间选择上，研究结果表明，选择第 4.5~5 d（以第一次配种为 0 天）比在短于 4.5 d 冲胚能够获得更高的囊胚比例；对于两种冲胚方法在获得胚胎的有效性方面无显著差异，但是考虑到对于处理猪的影响，选择活体手术冲胚是一种更合适的方法。

# 5 猪胚胎体外生产技术的后发展时代

20世纪80年代中期以后，以牛为代表的家畜 IVF 技术发展迅速，1987年 Parrish 等用含肝素的介质处理牛的冷冻精液，然后与体外成熟的卵母细胞体外受精获得成功。这对牛 IVF 的研究和应用具有重要意义，因为这种方法可利用屠宰场废弃的卵巢和冷冻精液进行胚胎体外生产，不仅成本低廉，而且效果稳定。此后，牛的卵母细胞体外成熟和胚胎培养体系逐步趋于成熟，胚胎体外生产效率得到很大提高。目前，采用 IVF-ET 技术，每对废弃的牛卵巢可获得3头左右的犊牛。为充分利用良种母牛的遗传资源，20世纪80年代后期，牛的活体取卵技术（Ovum pick UP, OPU）发展迅速。活体取卵和 IVF-ET 结合已成为欧、美和大洋洲等畜牧业发达国家的农场主为扩大良种母牛群选择的重要繁殖技术。

但是，有关猪胚胎体外生产技术的应用还存在很大的距离，还有很多大的问题需要解决。首先是对卵子发生和胚胎发育的分子机理了解不够。探明卵母细胞和早期胚胎发育的分子调控机理，然后以此理论为指导，研究理想的培养体系，促使胚胎基因组得到稳定、有序表达是提高猪胚胎体外生产技术推广应用水平的关键所在。其次，应该加强腔前卵泡培养的研究，充分发挥优良母畜的遗传资源的繁殖潜力。为此，一方面应提高活体取卵技术，另一方面需研究腔前卵泡和小卵泡的体外成熟技术。最后，应该加强体外受精与其他生物技术的结合，提高胚胎体外生产技术的应用水平。比如体外受精与转基因、克隆、性别控制及胚胎干细胞的培养密不可分。通过体外受精可为外源基因的导入提供充足的胚胎来源，为克隆技术提供成熟卵母细胞和克隆胚胎的培养体系；用分离的 X 和 Y 精子与卵子体外受精，可对哺乳动物进行性别控制。

由此可见，目前动物胚胎体外生产技术的研究成果日新月异，发展很快，但是在理论机理方面还有很多需要解决的问题，有待广大科研工作者的进一步深入发掘。

# 参考文献

[1] ABEYDEERA L R, WANG W H, et al. Development and viability of pig oocytes matured in a protein-free medium containing epidermal growth factor. Theriogenology, 2000, 54(5): 787-797.

[2] ALMIÑANA C, GIL, M A, et al. Adjustments in IVF system for individual boars: Value of additives and time of sperm oocyte co-incubation. Theriogenology, 2005, 64(8): 1783-1796.

[3] ALVAREZ J G, MINARETZIS D, et al. The sperm stress test: a novel test that predicts pregnancy in assisted reproductive technologies. Fertil Steril,1996, 65(2): 400-405.

[4] AMANN R P, SEIDEL G E, Jr, et al. Exposure of thawed frozen bull sperm to a synthetic peptide before artificial insemination increases fertility. Journal of andrology, 1999, 20(1): 42.

[5] AMARIN Z O. A flexible protocol for cryopreservation of pronuclear and cleavage stage embryos created by conventional in vitro fertilization and intracytoplasmic sperm injection. European Journal of Obstetrics Gynecology and Reproductive Biology, 2004, 117(2): 189-193.

[6] AURINI L C, WHITESIDE D P, et al. Recovery and cryopreservation of epididymal sperm of plains bison (Bison bison bison) as a model for salvaging the genetics of wood bison (Bison bison athabascae). Reproduction in Domestic Animals, 2009, 44(5): 815-822.

[7] AVERY B, Strøbech L, et al. In vitro maturation of bovine cumulus oocyte complexes in undiluted follicular fluid: effect on nuclear maturation, pronucleus formation and embryo development. Theriogenology, 2003, 59(3): 987-999.

[8] BAKER R D, COGGINS E G. Control of ovulation rate and fertilization in prepuberal gilts. J Anim Sci,1968, 27(6): 1607-1610.

[ 9 ] BEEBE L F S, MCILFATRICK S J, et al. Cytochalasin B and trichostatin A treatment postactivation improves In Vitro development of porcine somatic cell nuclear transfer embryos. Cloning and Stem Cells, 2009, 11(4): 477-482.

[10] BESENFELDER U, MDL J, et al. Endoscopic embryo collection and embryo transfer into the oviduct and the uterus of pigs. Theriogenology, 1997, 47(5): 1051-1060.

[11] BLOMBERG L A, SCHREIER L L, et al. Expression analysis of pluripotency factors in the undifferentiated porcine inner cell mass and epiblast during in vitro culture. Molecular reproduction and development, 2008, 75(3): 450-463.

[12] BODENDORF M O, WILLENBERG A, et al. Connective tissue response to fractionated thermo-ablative Erbium: YAG skin laser treatment. International journal of cosmetic science,2010, 32(6): 435-445.

[13] BOLAMBA D, DUBUC A, et al. Effects of gonadotropin treatment on ovarian follicle growth, oocyte quality and in vitro fertilization of oocytes in prepubertal gilts. Theriogenology, 1996, 46(4): 717-726.

[14] BOLAMBA D, SIRARD M A. Ovulation and follicular growth in gonadotropin-treated gilts followed by in vitro fertilization and development of their oocytes. Theriogenology, 2000, 53(7): 1421-1437.

[15] BONDIOLI K, RAMSOONDAR J, et al. Cloned pigs generated from cultured skin fibroblasts derived from a H-transferase transgenic boar. Molecular reproduction and development, 2001, 60(2): 189-195.

[16] BOQUEST A C, GRUPEN C G, et al. Production of cloned pigs from cultured fetal fibroblast cells. Biology of reproduction, 2002, 66(5): 1283-1287.

[17] BRACKETT B G, BOUSQUET D, et al. Normal development following in vitro fertilization in the cow. Biology of reproduction, 1982, 27(1): 147.

[18] BURANAAMNUAY K, TUMMARUK P, et al. Effects of straw volume and equex STM® on boar sperm quality after cryopreservation. Reproduction in Domestic Animals, 2009, 44(1): 69-73.

[19] CAO X, ZHOU P, et al. The effect of VEGF on the temporal-spatial change of alpha-tubulin and cortical granules of ovine oocytes matured in vitro. Anim Reprod Sci, 2009, 113(1-4): 236-250.

[20] CERRI R L, RUTIGLIANO H M, et al. Effect of source of supplemental selenium on uterine health and embryo quality in high-producing dairy cows. Theriogenology, 2009, 71(7): 1127-1137.

[21] CERVERA R P, STOJKOVIC M. Commentary: somatic cell nuclear transfer—progress and promise. Stem Cells, 2008, 26(2): 494-495.

[22] CHAN P J, TREDWAY D R, et al. Assessment of sperm for cryopreservation using the hypoosmotic viability test. Fertility and sterility, 1992, 58(4): 841.

[23] CHEONG H T, PARK K W, et al. Effect of elevated $Ca^{2+}$ concentration in fusion/activation medium on the fusion and development of porcine fetal fibroblast nuclear transfer embryos. Molecular reproduction and development, 2002, 61(4): 488-492.

[24] CHESNÉ P, ADENOT P G, et al. Cloned rabbits produced by nuclear transfer from adult somatic cells. Nature biotechnology, 2002, 20(4): 366-369.

[25] CLOOS P A, CHRISTENSEN J, et al. Erasing the methyl mark: histone demethylases at the center of cellular differentiation and disease. Genes Dev, 2008, 22(9): 1115-1140.

[26] COGNIE Y. State of the art in sheep-goat embryo transfer. Theriogenology, 1999, 51(1): 105-116.

[27] CORY S, ADAMS J M. Matters of life and death: programmed cell death at Cold Spring Harbor. Biochim Biophys Acta, 1998, 1377(2): R25-44.

[28] COY P, GADEA J, et al. Effect of in vitrofertilization medium on the acrosome reaction, cortical reaction, zona pellucida hardening and in vitro development in pigs. Reproduction, 2002, 124(2): 279-288.

[29] CRITSER E S, LEIBFRIED-RUTLEDGE M L. et al. Acquisition of developmental competence during maturation in vitro. Theriogenology, 1986, 25(1): 150.

[30] DE LA FUENTE R, O'BRIEN M J, et al. Epidermal growth factor enhances preimplantation developmental competence of maturing mouse oocytes. Hum Reprod, 1999, 14(12): 3060-3068.

[31] DINNYÉS A, De SOUSA P, et al. Somatic cell nuclear transfer: recent progress and challenges. Cloning & Stem Cells, 2002, 4(1): 81-90.

[32] DOBRINSKY J R, JOHNSON L A, et al. Development of a culture medium (BECM-3) for porcine embryos: effects of bovine serum albumin and fetal bovine serum on embryo development. Biol Reprod, 1996, 55(5): 1069-1074.

[33] DONEHOWER L A. Does *p*53 affect organismal aging? J Cell Physiol, 2002, 192(1): 23-33.

[34] EDWARDS R G. Maturation in vitro of mouse, sheep, cow, pig, rhesus monkey and human ovarian oocytes. Nature, 1965, 208(5008): 349-351.

[35] ESTEBAN M A, WANG T, et al. Vitamin C enhances the generation of mouse and human induced pluripotent stem cells. Cell Stem Cell, 2010, 6(1): 71-79.

[36] ESTEBAN M A, WANG T, et al. Vitamin C enhances the generation of mouse and human induced pluripotent stem cells. Cell Stem Cell, 2010, 6(1): 71-79.

[37] ESTEBAN M A, XU J, et al. Generation of induced pluripotent stem cell lines from Tibetan miniature pig. Journal of Biological Chemistry, 2009, 284(26): 17634.

[38] FAVETTA L A, St JOHN E J, et al. High levels of *p66shc* and intracellular ROS in permanently arrested early embryos. Free Radic Biol Med, 2007, 42(8): 1201-1210.

[39] FERREIRA E M, VIREQUE A A, et al. Cytoplasmic maturation of bovine oocytes: structural and biochemical modifications and acquisition of developmental competence. Theriogenology, 2009, 71(5): 836-848.

[40] FRANKEN D R, OEHNINGER S, et al. The hemizona assay (HZA): a predictor of human sperm fertilizing potential in in vitro fertilization (IVF) treatment. Journal of assisted reproduction and genetics, 1989, 6(1): 44-50.

[41] FRY R C, CAHILL L P, et al. The half-life of follicle-stimulating hormone in ovary-intact and ovariectomized booroola and control merino ewes. J Reprod Fertil, 1987, 81(2): 611-615.

[42] FUNAHASHI H, ASANO A, et al. Both fertilization promoting peptide and adenosine stimulate capacitation but inhibit spontaneous acrosome loss in ejaculated boar spermatozoa in vitro. Molecular reproduction and development, 2000, 55(1): 117-124.

[43] FUNAHASHI H, CANTLEY T, et al. Different hormonal requirements of pig oocyte-cumulus complexes during maturation in vitro. J Reprod Fertil, 1994, 101(1): 159-165.

[44] FUNAHASHI H, CANTLEY T, et al. Different hormonal requirements of pig oocyte cumulus complexes during maturation in vitro. Journal of reproduction and fertility, 1994, 101(1): 159-165.

[45] FUNAHASHI H, CANTLEY T C, et al. In vitro development of in vitro-matured porcine oocytes following chemical activation or in vitro fertilization. Biol Reprod, 1994, 50(5): 1072-1077.

[46] FUNAHASHI H, DAY B N. Effects of follicular fluid at fertilization in vitro on sperm penetration in pig oocytes. Journal of reproduction and fertility, 1993, 99(1): 97-103.

[47] Funahashi H, Day B N. Effects of the duration of exposure to hormone supplements on cytoplasmic maturation of pig oocytes in vitro. J Reprod Fertil, 1993, 98(1): 179-185.

[48] FUNAHASHI H, NAGAI T. Regulation of in vitro penetration of frozen thawed boar spermatozoa by caffeine and adenosine. Molecular reproduction and development, 2001, 58(4): 424-431.

[49] FUNAHASHI H, ROMAR R. Reduction of the incidence of polyspermic penetration into porcine oocytes by pretreatment of fresh spermatozoa with adenosine and a transient co-incubation of the gametes with caffeine. Reproduction, 2004, 128(6): 789-800.

[50] GIL M A, RUIZ M, et al. Effect of short periods of sperm oocyte coincubation during in vitro fertilization on embryo development in pigs.

Theriogenology, 2004, 62(3): 544-552.

[51] GLAZIER A M, MOLINIA F C. Development of a porcine follicle-stimulating hormone and porcine luteinizing hormone induced ovulation protocol in the seasonally anoestrus brushtail possum (Trichosurus vulpecula). Reproduction Fertility and Development, 2002, 14(8): 453-460.

[52] GOTO K, KAJIHARA Y, et al. Pregnancies after co-culture of cumulus cells with bovine embryos derived from in-vitro fertilization of in-vitro matured follicular oocytes. Reproduction, 1988, 83(2): 753.

[53] GOTO Y, NODA Y, et al. Increased generation of reactive oxygen species in embryos cultured in vitro. Free Radic Biol Med, 1993, 15(1): 69-75.

[54] GRUPEN C G, NOTTLE M B. In vitro fertilization-a simple modification of the in vitro fertilization procedure increases the efficiency of in vitro pig embryo production. Theriogenology, 2000, 53(1): 422-422.

[55] GUERIN P, EL MOUATASSIM S, et al. Oxidative stress and protection against reactive oxygen species in the pre-implantation embryo and its surroundings. Hum Reprod Update, 2001, 7(2): 175-189.

[56] GUPTA M K, UHM S. J, et al. Role of nonessential amino acids on porcine embryos produced by parthenogenesis or somatic cell nuclear transfer. Mol Reprod Dev, 2008, 75(4): 588-597.

[57] GUTHRIE H D, PURSEL V. G, et al. Porcine follicle-stimulating hormone treatment of gilts during an altrenogest-synchronized follicular phase: effects on follicle growth, hormone secretion, ovulation, and fertilization. J Anim Sci,1997, 75(12): 3246-3254.

[58] HAGEN D R, PRATHER R S, et al. Response of porcine oocytes to electrical and chemical activation during maturation in vitro. Molecular reproduction and development, 2005, 28(1): 70-73.

[59] HALL J A, MEISTERLING E M, et al. Factors contributing to the formation of experimentally-induced ovarian cysts in prepubertal gilts. Domest Anim Endocrinol, 1993, 10(2): 141-155.

[60] HAMMADEH M E, ASKARI A S, et al. Effect of freeze-thawing

procedure on chromatin stability, morphological alteration and membrane integrity of human spermatozoa in fertile and subfertile men. international journal of andrology, 1999, 22(3): 155-162.

[61] HANADA A, ENYA Y, et al. Birth of calves by non-surgical transfer of in vitro fertilized embryos obtained from oocytes matured in vitro. Jpn J Anim Reprod, 1986, 32(4): 208.

[62] HAO Y, LAI L, et al. Apoptosis and in vitro development of preimplantation porcine embryos derived in vitro or by nuclear transfer. Biol Reprod, 2003, 69(2): 501-507.

[63] HARRISON S J, GUIDOLIN A, et al. Efficient generation of a (1, 3) galactosyltransferase knockout porcine fetal fibroblasts for nuclear transfer. Transgenic research, 2002, 11(2): 143-150.

[64] HERRICK J R, BEHBOODI E, et al. Effect of macromolecule supplementation during in vitro maturation of goat oocytes on developmental potential. Mol Reprod Dev, 2004, 69(3): 338-346.

[65] HOCKENBERY D M, OLTVAI Z N, et al. Bcl-2 functions in an antioxidant pathway to prevent apoptosis. Cell, 1993, 75(2): 241-251.

[66] HOSOE M, SHIOYA Y. Distribution of cortical granules in bovine oocytes classified by cumulus complex. Zygote, 1997, 5(4): 371-376.

[67] HYUN S, LEE G, et al. Production of nuclear transfer-derived piglets using porcine fetal fibroblasts transfected with the enhanced green fluorescent protein. Biology of reproduction, 2003, 69(3): 1060-1068.

[68] IM G S, LAI L, et al. In vitro development of preimplantation porcine nuclear transfer embryos cultured in different media and gas atmospheres. Theriogenology 2004, 61(6): 1125-1135.

[69] JACKSON A L, BREEN S M, et al. Evaluation of methodology for administration of porcine FSH for use in estrus induction and for increasing ovulation rate in prepubertal gilts. Theriogenology, 2006, 66(4): 1042-1047.

[70] JAENISCH R, EGGAN K, et al. Nuclear cloning, stem cells, and genomic reprogramming. Cloning & Stem Cells, 2002, 4(4): 389-396.

[71]  JEONG Y W, HOSSEIN M S, et al. Effects of insulin-transferrin-selenium in defined and porcine follicular fluid supplemented IVM media on porcine IVF and SCNT embryo production. Anim Reprod Sci, 2008, 106(1-2): 13-24.

[72]  JUNG T, FULKA J, et al. Effects of the protein phosphorylation inhibitor genistein on maturation of pig oocytes in vitro. Journal of reproduction and fertility, 1993, 98(2): 529-535.

[73]  KÜHHOLZER B, HAWLEY R J, et al. Nuclear transfer using different sub-clones of porcine fetal fibroblast cells result in different in vitro development. Therigenology, 2001a, 55: 276.

[74]  KANG L, WANG J, et al. iPS cells can support full-term development of tetraploid blastocyst-complemented embryos. Cell stem cell, 2009, 5(2): 135-138.

[75]  KARAIVANOV C. Comparative studies on the superovulatory effect of PMSG and FSH in water buffalo (Bubalus bubalis ). Theriogenology, 1986 26(1): 51-59.

[76]  KATO Y, TANI T, et al. Eight calves cloned from somatic cells of a single adult. Science, 1998, 282(5396): 2095.

[77]  KATO Y, TANI T, et al. Cloning of calves from various somatic cell types of male and female adult, newborn and fetal cows. Reproduction, 2000, 120(2): 231.

[78]  KAWASHIMA I, OKAZAKI T, et al. Sequential exposure of porcine cumulus cells to FSH and/or LH is critical for appropriate expression of steroidogenic and ovulation-related genes that impact oocyte maturation in vivo and in vitro. Reproduction, 2008, 136(1): 9-21.

[79]  KIM N H, MENINO A, R. Effects of stimulators of protein kinases A and C and modulators of phosphorylation on plasminogen activator activity in porcine oocyte cumulus cell complexes during in vitro maturation. Molecular reproduction and development, 2005, 40(3): 364-370.

[80]  KIM S, LEE G S, et al. Embryotropic effect of insulin-like growth factor (IGF)-I and its receptor on development of porcine preimplantation

embryos produced by in vitro fertilization and somatic cell nuclear transfer. Mol Reprod Dev, 2005, 72(1): 88-97.

[81] KINGSLEY P D, WHITIN J C, et al. Developmental expression of extracellular glutathione peroxidase suggests antioxidant roles in deciduum, visceral yolk sac, and skin. Mol Reprod Dev, 1998, 49(4): 343-355.

[82] KORSMEYER S J, SHUTTER J R, et al. Bcl-2/Bax: a rheostat that regulates an anti-oxidant pathway and cell death. Semin Cancer Biol, 1993, 4(6): 327-332.

[83] KOU Z, KANG L, et al. Mice cloned from induced pluripotent stem cells (iPSC). Biology of reproduction, 2010, DOI:10.1095/biolreprod. 110.084731.

[84] KUHN A N, VAN SANTEN M A, et al. Stalling of spliceosome assembly at distinct stages by small-molecule inhibitors of protein acetylation and deacetylation. RNA, 2009, 15(1): 153.

[85] KUIJK E W, DU PUY L, et al. Differences in early lineage segregation between mammals. Developmental dynamics, 2008, 237(4): 918-927.

[86] KURE-BAYASHI S, MIYAKE M, et al. Successful implantation of in vitro-matured, electro-activated oocytes in the pig. Theriogenology, 2000, 53(5): 1105-1119.

[87] LAI L, TAO T, et al. Feasibility of producing porcine nuclear transfer embryos by using $G_2$/M-stage fetal fibroblasts as donors. Biology of reproduction, 2001, 65(5): 1558.

[88] LEE G, HYUN S, et al. Improvement of a porcine somatic cell nuclear transfer technique by optimizing donor cell and recipient oocyte preparations. Theriogenology, 2003, 59(9): 1949-1957.

[89] LEE M S, KANG S K, et al. The beneficial effects of insulin and metformin on in vitro developmental potential of porcine oocytes and embryos. Biol Reprod, 2005, 73(6): 1264-1268.

[90] LI M, ZHANG D, et al. Isolation and culture of embryonic stem cells from porcine blastocysts. Molecular reproduction and development, 2003, 65(4): 429-434.

[91] LI W, WEI W, et al. Generation of rat and human induced pluripotent stem cells by combining genetic reprogramming and chemical inhibitors. Cell Stem Cell, 2009, 4(1): 16-19.

[92] LIAO J, CUI C, et al. Generation of induced pluripotent stem cell lines from adult rat cells. Cell Stem Cell, 2009, 4(1): 11-15.

[93] LIU H, ZHU F, et al. Generation of induced pluripotent stem cells from adult rhesus monkey fibroblasts. Cell Stem Cell, 2008, 3(6): 587-590.

[94] LIU L, LUO G Z, et al. Activation of the imprinted Dlk1-Dio3 region correlates with pluripotency levels of mouse stem cells. Journal of Biological Chemistry, 2010, 285(25): 19483.

[95] LIU X Y, MAL S F, et al. Cortical granules behave differently in mouse oocytes matured under different conditions. Hum Reprod, 2005, 20(12): 3402-3413.

[96] LOI P, LEDDA S, et al. Development of parthenogenetic and cloned ovine embryos: effect of activation protocols. Biology of reproduction, 1998, 58(5): 1177-1187.

[97] LONERGAN P, RIZOS D, et al. Effect of culture environment on embryo quality and gene expression - experience from animal studies." Reprod Biomed Online, 2003, 7(6): 657-663.

[98] Da COSTA L, SILVA J C, et al. Superovulatory response, embryo quality and fertility after treatment with different gonadotrophins in native cattle. Theriogenology, 2001, 56(1): 65-77.

[99] LU K H, GORDON I, et al. Birth of twins after transfer of cattle embryos produced by in vitro techniques. The Veterinary Record, 1988, 122(22): 539.

[100] LU K H, GORDON I, et al. Pregnancy established in cattle by transfer of embryos derived from in vitro fertilisation of oocytes matured in vitro. The Veterinary Record, 1987, 121(11): 259.

[101] MACHÁTY Z, DAY B N, et al. Development of early porcine embryos in vitro and in vivo. Biology of reproduction, 1998, 59(2): 451.

[102] MACHATY Z, FUNAHASHI H, et al. Developmental changes in the

intracellular $Ca^{2+}$ release mechanisms in porcine oocytes. Biology of reproduction, 1997, 56(4): 921-930.

[103] MANJARIN R, CASSAR G, et al. Effect of eCG or eCG Plus hCG on oestrus expression and ovulation in prepubertal gilts. Reproduction in Domestic Animals, 2009, 44(3): 411-413.

[104] MANJARIN R, DOMINGUEZ J C, et al. Effect of prior FSH treatment on the estrus and ovulation responses to eCG in prepubertal gilts. Anim Reprod Sci, 2009, 110(1-2): 123-127.

[105] MAPLETOFT R J, STEWARD K B, et al. Recent advances in the superovulation in cattle. Reprod Nutr Dev, 2002, 42(6): 601-611.

[106] MARQUES M G, NASCIMENTO A B, et al. Effect of culture media on porcine embryos produced by in vitro fertilization or parthenogenetic activation after oocyte maturation with cycloheximide. Zygote-The Biology of Gametes and Early Embryos, 2011, 19(4): 331.

[107] MARQUES M G, NICACIO A C, et al. In vitro maturation of pig oocytes with different media, hormone and meiosis inhibitors. Anim Reprod Sci, 2007, 97(3-4): 375-381.

[108] MATAS C, COY P, et al. Effect of sperm preparation method on in vitro fertilization in pigs. Reproduction, 2003, 125(1): 133-141.

[109] MATTIOLI M, GALEATI G, et al. Effect of follicle somatic cells during pig oocyte maturation on egg penetrability and male pronucleus formation. Gamete research, 2005, 20(2): 177-183.

[110] MEISTER A. Selective modification of glutathione metabolism. Science (New York, NY), 1983, 220(4596): 472.

[111] MENZER C, SCHAMS D. Radioimmunoassay for PMSG and its application to in-vivo studies. J Reprod Fertil, 1979, 55(2): 339-345.

[112] MIGLIACCIO E, GIORGIO M, et al. The *p66shc* adaptor protein controls oxidative stress response and life span in mammals. Nature, 1999, 402(6759): 309-313.

[113] MIHAILOVIC M, CVETKOVIC M, et al. Selenium and malondialdehyde content and glutathione peroxidase activity in maternal and umbilical cord

blood and amniotic fluid. Biol Trace Elem Res, 2000, 73(1): 47-54.

[114] MIYOSHI K, MORI H, et al. Valproic acid enhances in vitro development and Oct-3/4 expression of miniature pig somatic cell nuclear transfer embryos. Cell Reprogram, 2010, 12(1): 67-74.

[115] MORGAN A J, JACOB R. Ionomycin enhances $Ca^{2+}$ influx by stimulating store-regulated cation entry and not by a direct action at the plasma membrane. Biochemical Journal, 1994, 300(Pt 3): 665.

[116] MORTON K M, CATT S L, et al. The effect of gamete co-incubation time during in vitro fertilization with frozen-thawed unsorted and sex-sorted ram spermatozoa on the development of in vitro matured adult and prepubertal ewe oocytes. Theriogenology, 2005, 64(2): 363-377.

[117] MORTON K M, EVANS G, et al. Effect of glycerol concentration, Equex STM® supplementation and liquid storage prior to freezing on the motility and acrosome integrity of frozen-thawed epididymal alpaca (Vicugna pacos) sperm. Theriogenology, 2010, 74(2): 311-316.

[118] NASR-ESFAHANI M H, AITKEN J R, et al. Hydrogen peroxide levels in mouse oocytes and early cleavage stage embryos developed in vitro or in vivo. Development, 1990, 109(2): 501-507.

[119] NASR-ESFAHANI M H, JOHNSON M, H. Quantitative analysis of cellular glutathione in early preimplantation mouse embryos developing in vivo and in vitro. Hum Reprod, 1992, 7(9): 1281-1290.

[120] NASR-ESFAHANI M M, Johnson M H. The origin of reactive oxygen species in mouse embryos cultured in vitro. Development, 1991, 113(2): 551-560.

[121] NEWCOMB R, CHRISTIE W B, et al. Birth of calves after in vivo fertilisation of oocytes removed from follicles and matured in vitro. The Veterinary Record, 1978, 102(21): 461.

[122] OKADA K, KRYLOV V, et al. Development of pig embryos after electro-activation and in vitro fertilization in PZM-3 or PZM supplemented with fetal bovine serum. J Reprod Dev, 2006, 52(1): 91-98.

[123] OLTVAI Z N, MILLIMAN C L, et al. Bcl-2 heterodimerizes in vivo with a

conserved homolog, *Bax*, that accelerates programmed cell death. Cell, 1993, 74(4): 609-619.

[124] ONISHI A, IWAMOTO M, et al. Pig cloning by microinjection of fetal fibroblast nuclei. Science, 2000, 289(5482): 1188.

[125] ORSI N M, LEESE H J. Protection against reactive oxygen species during mouse preimplantation embryo development: role of EDTA, oxygen tension, catalase, superoxide dismutase and pyruvate. Mol Reprod Dev, 2001, 59(1): 44-53.

[126] OZIL J P, HUNEAU D. Activation of rabbit oocytes: the impact of the $Ca^{2+}$ signal regime on development. Development, 2001, 128(6): 917-928.

[127] PÉREZ-PÉ R, CEBRIÁN-PÉREZ J A, et al. Semen plasma proteins prevent cold-shock membrane damage to ram spermatozoa. Theriogenology, 2001, 56(3): 425-434.

[128] PALTA P, KUMAR M, et al. Changes in peripheral inhibin levels and follicular development following treatment of buffalo with PMSG and Neutra-PMSG for superovulation. Theriogenology, 1997, 48(2): 233-240.

[129] PARK K W, CHEONG H T, et al. Production of nuclear transfer-derived swine that express the enhanced green fluorescent protein. Animal biotechnology, 2001, 12(2): 173-181.

[130] PARRISH J J, KROGENAES A, et al. Effect of bovine sperm separation by either swim-up or Percoll method on success of in vitro fertilization and early embryonic development. Theriogenology, 1995, 44(6): 859-869.

[131] PAULENZ H, ÅDNØY T. et al. Comparison of fertility results after vaginal insemination using different thawing procedures and packages for frozen ram semen. Acta Veterinaria Scandinavica, 2007, 49(1): 26.

[132] PETTERS R M, WELLS K D. Culture of pig embryos. J Reprod Fertil Suppl, 1993, 48: 61-73.

[133] Peura T. Improved in vitro development rates of sheep somatic nuclear transfer embryos by using a reverse-order zona-free cloning method. Cloning & Stem Cells, 2003, 5(1): 13-24.

[134] PHILLIPS P H. Preservation of bull semen. Journal of biological

chemistry, 1939, 130(1): 415.

[135] POPOVA E, KRIVOKHARCHENKO A, et al. Comparison between PMSG- and FSH-induced superovulation for the generation of transgenic rats. Mol Reprod Dev, 2002, 63(2): 177-182.

[136] PRATHER R S, TAO T, et al. Development of the techniques for nuclear transfer in pigs. Theriogenology, 1999, 51(2): 487-498.

[137] PUJOL M, LÓPEZ-BÉJAR M, et al. Developmental competence of heifer oocytes selected using the brilliant cresyl blue (BCB) test. Theriogenology, 2004, 61(4): 735-744.

[138] PUROHIT G N, DINESH K, et al. Superovulation and embryo recoveries in Rathi (Bos indicus) cattle: effect of equine chorionic gonadotropin or porcine FSH. Indian Journal of Animal Research, 2006, 40(2): 164-166.

[139] RANILKUMAR C C, IYUE M, SELVARAJU M, at al. Reproductive and economic efficiency in Nilagiri and Sandyno ewes treated with PMSG. Livestock Research for Rural Development, 2010, 22(2): Article #40. Retrieved May 29, 2010, from, 2010, http://www.lrrd.org/ lrrd2022/2012/ kuma22040. htm.

[140] RAHMAN A N M A, RAMLI A, et al. A review of reproductive biotechnologies and their application in goat. Biotechnology, 2008. 7(2): 371-384.

[141] RAMSOONDAR J J, MACHÁTY Z, et al. Production of a 1, 3-galactosyltransferase-knockout cloned pigs expressing human a 1, 2-fucosylosyltransferase. Biology of reproduction, 2003, 69(2): 437-445.

[142] RASUL Z, AHMED N, et al. Antagonist effect of DMSO on the cryoprotection ability of glycerol during cryopreservation of buffalo sperm. Theriogenology, 2007, 68(5): 813-819.

[143] RATH D, LONG C R, et al. In vitro production of sexed embryos for gender preselection: high-speed sorting of X-chromosome-bearing sperm to produce pigs after embryo transfer. Journal of Animal Science, 1999, 77(12): 3346-3352.

[144] RATKY J, BRUSSOW K P, et al. Ovarian response, embryo recovery and

results of embryo transfer in a Hungarian native pig breed. Theriogenology, 2001, 56(5): 969-978.

[145] REN J, PAK Y, et al. Generation of hircine-induced pluripotent stem cells by somatic cell reprogramming. Cell research, 2011, doi:10.1038/cr.2011.

[146] RINGROSE L, PARO R. Epigenetic regulation of cellular memory by the Polycomb and Trithorax group proteins. Annu. Rev. Genet, 2004, 38: 413-443.

[147] RODRIGUES B A, RODRIGUES J L. Meiotic response of in vitro matured canine oocytes under different proteins and heterologous hormone supplementation. Reprod Domest Anim, 2003, 38(1): 58-62.

[148] ROTA A, PERA A I, et al. In vitro capacitation of fresh, chilled and frozen thawed dog spermatozoa assessed by the chlortetracycline assay and changes in motility patterns. Animal Reproduction Science, 1999, 57(3): 199-215.

[149] SALAMON S, VISSER D. fertility of ram spermatozoa frozenstored for 5 years. Journal of Reproduction and Fertility, 1974, 37(2): 433-435.

[150] SANTIAGO-MORENO J, COLOMA M A, et al. Cryopreservation of Spanish ibex Capra pyrenaica sperm obtained by electroejaculation outside the rutting season. Theriogenology, 2009, 71(8): 1253-1260.

[151] SANTOS F, DEAN W. Epigenetic reprogramming during early development in mammals. Reproduction, 2004, 127(6): 643-651.

[152] SCOLAPIO J S, CAMILLERI M, et al. Effect of growth hormone, glutamine, and diet on adaptation in short-bowel syndrome: a randomized, controlled study. Gastroenterology, 1997, 113(4): 1074.

[153] SENDAG S, CETIN Y, et al. Effects of eCG and FSH on ovarian response, recovery rate and number and quality of oocytes obtained by ovum pick-up in Holstein cows. Anim Reprod Sci, 2008, 106(1-2): 208-214.

[154] SHARPLESS N E, DEPINHO R A. p53: good cop/bad cop. Cell, 2002, 110(1): 9-12.

[155] SHI W, DIRIM F, et al. Methylation reprogramming and chromosomal aneuploidy in in vivo fertilized and cloned rabbit preimplantation embryos.

Biology of reproduction, 2004, 71(1): 340.

[156] SHIMADA M, NISHIBORI M, et al. Luteinizing hormone receptor formation in cumulus cells surrounding porcine oocytes and its role during meiotic maturation of porcine oocytes. Biol Reprod, 2003, 68(4): 1142-1149.

[157] SINGH U, KHURANA N K, et al. Plasma progesterone profiles and fertility status of anestrus Zebu cattle treated with norgestomet- estradiol-eCG regimen. Theriogenology, 1998, 50(8): 1191-1199.

[158] SMALL J A, COLAZO, M G, et al. Effects of progesterone presynchronization and eCG on pregnancy rates to GnRH-based, timed-AI in beef cattle. Theriogenology, 2009, 71(4): 698-706.

[159] SMITH A U, POLGE C. Storage of bull spermatozoa at low temperatures. Veterinary Record, 1950, 62: 115-116.

[160] SNEDDON A A, WU H C, et al. Regulation of selenoprotein *GPx*4 expression and activity in human endothelial cells by fatty acids, cytokines and antioxidants. Atherosclerosis, 2003, 171(1): 57-65.

[161] SOMMER J R, COLLINS E B, et al. Synchronization and superovulation of mature cycling gilts for the collection of pronuclear stage embryos. Animal Reproduction Science, 2007, 100(3-4): 402-410.

[162] SOMMER J R, COLLINS E B, et al. Synchronization and superovulation of mature cycling gilts for the collection of pronuclear stage embryos. Anim Reprod Sci, 2007, 100(3-4): 402-410.

[163] STEVENSON J S, HIGGINS J J, et al. Pregnancy outcome after insemination of frozen-thawed bovine semen packaged in two straw sizes: A meta-analysis. Journal of dairy science, 2009, 92(9): 4432-4438.

[164] STROJEK R M, REED M A, et al. A method for cultivating morphologically undifferentiated embryonic stem cells from porcine blastocysts. Theriogenology, 1990, 33(4): 901-913.

[165] SULLIVAN E J, KASINATHAN S, et al. Cloned calves from chromatin remodeled in vitro. Biology of reproduction, 2004, 70(1): 146.

[166] SUN F Z, HOYLAND J, et al. A comparison of intracellular changes in

porcine eggs after fertilization and electroactivation. Development, 1992, 115(4): 947-956.

[167] TAKAHASHI K, YAMANAKA S. Induction of pluripotent stem cells from mouse embryonic and adult fibroblast cultures by defined factors. Cell, 2006, 126(4): 663-676.

[168] TATEMOTO H, MUTO N, et al. Protection of porcine oocytes against cell damage caused by oxidative stress during in vitro maturation: role of superoxide dismutase activity in porcine follicular fluid. Biol Reprod, 2004, 71(4): 1150-1157.

[169] TATEMOTO H, SAKURAI N, et al. Protection of porcine oocytes against apoptotic cell death caused by oxidative stress during in vitro maturation: role of cumulus cells. Biology of reproduction, 2000, 63(3): 805-810.

[170] TECIRLIOGLU R, FRENCH A, et al. Birth of a cloned calf derived from a vitrified hand-made cloned embryo. Reproduction, Fertility and Development, 2004, 15(7): 361-366.

[171] TRIMARCHI J R, LIU L, et al. Oxidative phosphorylation-dependent and-independent oxygen consumption by individual preimplantation mouse embryos. Biol Reprod, 2000, 62(6): 1866-1874.

[172] TSUJI-TAKAYAMA K, INOUE T, et al. Demethylating agent, 5-azacytidine, reverses differentiation of embryonic stem cells. Biochemical and biophysical research communications, 2004, 323(1): 86-90.

[173] UHM S J, GUPTA M K, et al. Selenium improves the developmental ability and reduces the apoptosis in porcine parthenotes. Mol Reprod Dev, 2007, 74(11): 1386-1394.

[174] URDANETA A, JIMÉNEZ-MACEDO A R, et al. Supplementation with cysteamine during maturation and embryo culture on embryo development of prepubertal goat oocytes selected by the brilliant cresyl blue test. Zygote, 2004, 11(04): 347-354.

[175] VAJTA G, LEWIS I M, et al. Somatic cell cloning without micromanipulators. Cloning, 2001, 3(2): 89-95.

[176] VAJTA G, LEWIS I M, et al. Handmade somatic cell cloning in cattle:

analysis of factors contributing to high efficiency in vitro. Biology of reproduction, 2003, 68(2): 571.

[177] VAJTA G, PEURA T, et al. New method for culture of zona$^{©}$\included or zona$^{©}$\free embryos: The Well of the Well (WOW) system. Molecular reproduction and development, 2000, 55(3): 256-264.

[178] VIANA K S, CALDAS-BUSSIERE M C, et al. Effect of sodium nitroprusside, a nitric oxide donor, on the in vitro maturation of bovine oocytes. Anim Reprod Sci, 2007, 102(3-4): 217-227.

[179] WAKAYAMA T, PERRY A C F, et al. Full-term development of mice from enucleated oocytes injected with cumulus cell nuclei. Nature, 1998, 394(6691): 369-374.

[180] WANG W, HOSO E M, et al. Development of the competence of bovine oocytes to release cortical granules and block polyspermy after meiotic maturation. Dev Growth Differ, 1997, 39(5): 607-615.

[181] WANG W H, ABEYDEERA L R, et al. Effects of oocyte maturation media on development of pig embryos produced by in vitro fertilization. Journal of reproduction and fertility, 1997, 111(1): 101-108.

[182] WANG W H, MACHATY Z, et al. Parthenogenetic activation of pig oocytes with calcium ionophore and the block to sperm penetration after activation. Biology of reproduction, 1998, 58(6): 1357-1366.

[183] WANG W H, SUN Q Y, et al. Quantified analysis of cortical granule distribution and exocytosis of porcine oocytes during meiotic maturation and activation. Biol Reprod, 1997, 56(6): 1376-1382.

[184] WANG X, FALCONE T, et al. Vitamin C and vitamin E supplementation reduce oxidative stress-induced embryo toxicity and improve the blastocyst development rate. Fertil Steril, 2002, 78(6): 1272-1277.

[185] WARD K A, BROWN B W. The production of transgenic domestic livestock: successes, failures and the need for nuclear transfer. Reproduction, Fertility and Development, 1998, 10(8): 659-666.

[186] WATSON P F. The protection of ram and bull spermatozoa by the low density lipoprotein fraction of egg yolk during storage at 5 C and

deep-freezing. Journal of thermal biology, 1976, 1(3): 137-141.

[187] WEST F D, TERLOUW S L, et al. Porcine induced pluripotent stem cells produce chimeric offspring. Stem Cells and Development, 2010, 18(8): 1211-1220.

[188] WHEELER M B, CLARK S G, et al. Developments in in vitro technologies for swine embryo production. Reprod Fertil Dev, 2004, 16(1-2): 15-25.

[189] WILMUT I, BEAUJEAN N, et al. Somatic cell nuclear transfer. Nature, 2002, 419(6907): 583-587.

[190] WILMUT I, SALAMON S, et al. Deep freezing of boar semen Ⅱ. effects of method of dilution, glycerol concentration, and time of semen- glycerol contact on survival of spermatozoa. Australian journal of biological sciences, 1973, 26(1): 231-238.

[191] WOLF X A. SERUP P, et al. Three-dimensional localisation of NANOG, OCT4, and E-cadherin in porcine pre- and peri-implantation embryos. Developmental dynamics, 2011, 240: 204-210.

[192] WRIGHT C S, HOVATTA O, et al. Effects of follicle-stimulating hormone and serum substitution on the in-vitro growth of human ovarian follicles. Human Reproduction, 1999, 14(6): 1555-1562.

[193] YANG H W, HWANG K J, et al. Detection of reactive oxygen species (ROS) and apoptosis in human fragmented embryos. Hum Reprod, 1998, 13(4): 998-1002.

[194] YANG S, HE X, et al. Superovulatory response to a low dose single-daily treatment of rhFSH dissolved in polyvinylpyrrolidone in rhesus monkeys. Am J Primatol, 2007, 69(11): 1278-1284.

[195] YANG X Y, ZHAO J G, et al. Improving in vitro development of cloned bovine embryos with hybrid (Holstein-Chinese Yellow) recipient oocytes recovered by ovum pick up. Theriogenology, 2005, 64(6): 1263-1272.

[196] YANG Y U, LIU W, et al. Somatic cell nuclear transfer in mammals: history, progress and perspectives. Chinese Bulletin of Life Sciences, 2009, 05.

[197] YANIZ J L, LOPEZ-BEJAR M, et al. Intraperitoneal insemination in mammals: a review. Reproduction in Domestic Animals, 2002, 37(2): 75-80.

[198] YIN X J, TANI T, et al. Development of rabbit parthenogenetic oocytes and nuclear-transferred oocytes receiving cultured cumulus cells. Theriogenology, 2000, 54(9): 1469-1476.

[199] YOSHIDA M, ISHIGAKI K, et al. Glutathione concentration during maturation and after fertilization in pig oocytes: relevance to the ability of oocytes to form male pronucleus. Biology of reproduction, 1993, 49(1): 89-94.

[200] ZHAI Y, KRONEBUSCH P J, et al. Microtubule dynamics at the G2/M transition: abrupt breakdown of cytoplasmic microtubules at nuclear envelope breakdown and implications for spindle morphogenesis. The Journal of cell biology, 1996, 135(1): 201-214.

[201] ZHAO J, ROSS J W, et al. Significant improvement in cloning efficiency of an inbred miniature pig by histone deacetylase inhibitor treatment after somatic cell nuclear transfer. Biology of reproduction, 2009, 81(3): 525.

[202] ZHAO X, LI W, et al. iPS cells produce viable mice through tetraploid complementation. Nature, 2009, 461(7260): 86-90.

[203] ZHU J, TELFER E E, et al. Improvement of an electrical activation protocol for porcine oocytes. Biology of reproduction, 2002, 66(3): 635-641.

[204] 毛凤显. 波尔山羊精液冷冻稀释液及冷冻解冻方法的研究[D]. 甘肃农业大学, 2001.

[205] 王肖克, 杨健. 影响家畜冷冻精液质量的因素. 内蒙古畜牧科学, 2002, 23（006）: 20-21.

[206] 王峰, 刘锋, 等. 一步熏蒸对麦管冻融人类精子运动能力的影响. 中华检验医学杂志, 2012, 35（002）: 145-149.

[207] 包华琼, 蔡敏, 等. 精子低渗肿胀与精子活动率的相关性分析. 重庆医学, 2008, 37（20）: 2338-2339.

[208] 李劲松, 韩之明, 等. 几种因素对电刺激诱导小鼠卵母细胞孤雌活化的

影响. 动物学报, 2002, 48（4）: 501-505.

[209] 杜立银, 曹少先, 等. 猪精液 0.5 mL 细管快速冷冻和解冻方法的优化. 中国农业科学, 2009, 42（5）: 1875-1880.

[210] 徐振军, 赵冰, 等. 冷冻保存绵羊精子质膜完整性检测的研究. 中国畜牧杂志, 2011, 47（13）: 26-28.

[211] 徐照学, 钱菊汾. BFF, rbGH 对牛卵泡卵母细胞体外受精后发育的影响. 中国兽医学报, 1996, 16（006）: 621-627.

[212] 秦鹏春. 哺乳动物胚胎学[M]. 北京: 科学出版社, 2001.

[213] 秦鹏春, 谭景和, 等. 猪卵巢卵母细胞体外成熟与体外受精的研究. 中国农业科学, 1995, 28（3）: 58-66.

[214] 潘红梅, 麻常胜, 等. 不同精液解冻液和解冻速率对猪颗粒冻精品质的影响. 畜牧与兽医, 2010, 42（9）: 49-52.

[215] 蔡令波, 王锋. PMSG 加 hCG 对猪卵母细胞体外成熟的影响. 畜牧与兽医, 2002, 34（12）: 1-3.

[216] 戴琦, 刘岚, 等. 小型猪超数排卵与胚胎回收方法的研究. 实验动物科学, 2007, 24（006）: 126-128.

[217] 刘宏, 王刚第, 等. 二甲基甲酰胺对猪精液冷冻保存效果的影响. 中国畜牧兽医, 2010,（003）: 137-141.

[218] 刘兴伟, 李静, 等. 精液处理方法对辽宁绒山羊冻精质量的影响. 黑龙江动物繁殖, 2007, 15（4）: 39.

[219] 吕瑞凯, 胡建宏, 等. 5 种禽类卵黄低密度脂蛋白对猪精子冷冻效果的影响. 西北农业学报, 2011, 20（9）: 5-10.

[220] 孙兴参, 岳奎忠. 猪卵丘扩展与卵母细胞核成熟关系的研究. 中国农业科学, 2002, 35（1）: 85-88.

[221] 孙兴参, 岳奎忠, 等. 猪卵母细胞孤雌激活方法及影响因素的研究. 中国农业科学, 2004, 37（3）: 431-435.

[222] 孙兴参, 岳奎忠, 等. 猪卵泡内促卵丘扩展因子的来源. 科学通报, 2002, 47（15）: 1164-1166.

[223] 张益, 陈莹, 等. 冷冻保护剂对不同质量精液顶体完整性的影响. 重庆医学, 2011, 40（18）: 1820-1821.

[224] 张运海, 潘登科, 等. 利用体细胞核移植技术生产表达绿色荧光蛋白的

猪转基因克隆胚胎. 中国科学: C 辑, 2006, 35（5）: 439-445.

[225] 杨凌, 桑润滋, 等. 羊精液冷冻保存技术研究进展. 中国草食动物, 2004, 24（1）: 49-51.

[226] 赵小娟. 高海拔地区陶赛特肉羊细管冻精技术与应用推广. 青海畜牧兽医杂志, 2008, 38（3）: 53-54.

[227] 赵建军, 张伟, 等. 冷冻稀释液渗透压, 抗冻剂和平衡时间对鸡颗粒冻精冻后活率的影响. 甘肃农业大学学报, 2006, 41（4）: 14-17.

[228] 郑筱峰, 姚静, 等. 不同解冻方法对猪精液冷冻效果的影响. 江苏农业科学, 2012, 40（5）: 164-166.

[229] 陈乃清, 赵浩斌, 电脉冲激活猪卵母细胞的研究. 武汉大学学报: 自然科学版, 1999, 45（4）: 463-465.

[230] 陈大元. 受精生物学: 受精机制与生殖工程. 北京: 科学出版社, 2000.

[231] 陈亚明, 赵有璋. 绵羊冷冻精液平衡方法研究. 甘肃农业大学学报, 2002, 37（3）: 346-350.

[232] 陈晓丽, 朱化彬, 等. 猪精子冷冻损伤研究进展. 中国生物工程杂志, 2010, 7: 021.

[233] 陈鸿冰, 卢克焕. 蛋白质添加剂对牛卵母细胞体外成熟, 体外受精及早期胚胎体外发育的影响. 广西农业生物科学, 1994, 1.

[234] 黄东晖, 赵虎, 等. 白蛋白与卵黄联合应用于人类精液冷冻保存的研究. 中华男科学杂志, 2006, 12（002）: 115-119.